全国高等学校（安徽考区）计算机水平考试一级配套教材 | 总主编 郑尚志

信息技术
拓展模块

主　编◎张玉荣　吕宗明　鲁　兵　邹汪平
副主编◎方少卿　蔡正保　张　冬　汪永成
郑　丹　张小奇　胡　敏　吴艺妮
吴晓晨　魏子媛

科 学 出 版 社

内 容 简 介

本书按照教育部《高等职业教育专科信息技术课程标准（2021年版）》要求进行编写，与《信息技术（基础模块）》配套使用。《信息技术（基础模块）》以Windows 10 + Office 2016为平台，全面介绍Word 2016、Excel 2016、PowerPoint 2016的基本应用，以及信息检索、新一代信息技术概述、信息素养与社会责任等内容；《信息技术（拓展模块）》介绍信息安全、项目管理、机器人流程自动化、程序设计基础、大数据、人工智能、云计算、现代通信技术、物联网、数字媒体、虚拟现实及区块链等内容。

本书内容以故事描述为切入点，深入浅出、通俗易懂、实用性强。本书既可作为高等职业教育院校普及计算机知识的通识课程教材，也可作为计算机相关行业从业者的参考用书。

图书在版编目（CIP）数据

信息技术：拓展模块/张玉荣等主编. —北京：科学出版社，2022.8
ISBN 978-7-03-072777-0

Ⅰ. ①信…　Ⅱ. ①张…　Ⅲ. ①电子计算机-高等职业教育-教材
Ⅳ. ①TP3

中国版本图书馆CIP数据核字（2022）第132602号

责任编辑：赵丽欣 / 责任校对：王万红
责任印制：吕春珉 / 封面设计：东方人华平面设计部

科学出版社 出版
北京东黄城根北街16号
邮政编码：100717
http://www.sciencep.com
三河市骏杰印刷有限公司印刷
科学出版社发行　各地新华书店经销
*
2022年8月第 一 版　开本：787×1092　1/16
2024年8月第二次印刷　印张：12
字数：288 000

定价：38.00元
（如有印装质量问题，我社负责调换）
销售部电话 010-62136230　编辑部电话 010-62134021

编 委 会

前　言

随着信息技术的飞速发展和广泛应用，信息技术已成为经济社会转型发展的主要驱动力，是建设创新型国家、制造强国、网络强国、数字中国、智慧社会的基础支撑。信息技术对提升国民信息素养，增强个体在信息社会的适应力与创造力，对个人的生活、学习和工作，以及对全面建设社会主义现代化国家具有重大意义。

高等职业教育专科信息技术课程是各专业学生必修或限定选修的公共基础课程。学生通过学习信息技术课程，能够增强信息意识、提升计算思维、促进数字化创新与发展能力、树立正确的信息社会价值观和责任感，为其职业发展、终身学习和服务社会奠定基础。

本书按照教育部最新发布的《高等职业教育专科信息技术课程标准（2021 年版）》要求进行编写。在内容组织上着力突出职业教育的类型特点，基于信息技术核心素养组织素材，适度选取包含信息技术最新成果及发展趋势的内容。本书通过丰富的教学内容和多样化的教学形式，帮助学生认识信息技术对人类生产、生活的重要作用，了解现代社会信息技术发展趋势，理解信息社会特征并遵循信息社会规范；使学生掌握常用的工具软件和信息化办公技术，了解大数据、人工智能、区块链等新兴信息技术，具备支撑专业学习的能力，能在日常生活、学习和工作中综合运用信息技术解决问题；使学生拥有团队意识和职业精神，具备独立思考和主动探究能力，为学生职业能力的持续发展奠定基础。

本书与《信息技术（基础模块）》配套使用。《信息技术（基础模块）》分为 6 个单元：前 3 个单元以 Windows 10 + Office 2016 为平台，全面介绍 Word 2016、Excel 2016、PowerPoint 2016 的基本应用，后 3 个单元介绍信息检索、新一代信息技术概述、信息素养与社会责任等内容；《信息技术（拓展模块）》分为 12 个单元，分别介绍信息安全、项目管理、机器人流程自动化、程序设计基础、大数据、人工智能、云计算、现代通信技术、物联网、数字媒体、虚拟现实及区块链等内容。基础模块是学生提升其信息素养的基础，拓展模块是学生深化其对信息技术的理解、拓展其职业能力的基础。

本书由高职高专院校长期从事信息技术基础教学的一线教师和来自知名 IT 企业的工程师联合编写。

由于编者水平有限，书中难免有疏漏和不妥之处，敬请广大读者批评指正。

目 录

7 单元 信息安全

单元导读

随着物联网、云计算、大数据、人工智能等新一代信息技术的飞速发展和创新突破，信息安全已经成为一个关系到国家安全、社会稳定，以及个人人身和财产安全的重要问题。信息安全越来越受到国家重视，成为一项热门研究和人才需求的新领域。

本单元让我们来一起学习信息安全的基础知识，认知信息安全的风险因素，了解信息安全的重要性以及国家信息安全相关的法律法规；学会判断信息安全面临的威胁，掌握常用的信息安全防御技术；了解信息安全保障的一般思路，学会建立完善的个人信息安全保护机制。

任务 7.1 初识信息安全

任务描述

小艾同学是一个网络爱好者，热衷于“网上冲浪”，笔记本电脑和手机已成为他生活、学习不可缺少的一部分。可是近期他经常听到有同学 QQ 账号被盗、遭遇网络诈骗等情况。针对这些电脑和手机应用中的安全隐患，小艾想通过学习一些技术和方法去避免、解决这个问题。该怎么学习呢？他咨询了计算机专业的学长，被告知需要学习信息安全技术，小艾决定先从信息安全的概念学起。

任务目标

- 了解信息安全的概念、信息安全的重要性。
- 了解信息安全的风险因素。
- 理解信息安全的基本属性。
- 了解我国信息安全相关法律法规。
- 了解网络安全等级保护。

任务实现

1. 信息安全的概念

信息无论是在计算机上存储、处理和应用，还是在网络上传输，都面临着安全威胁。一般情况下，信息安全指系统硬件、软件及其信息受到保护，并持续正常运行和服务，其实质是保护信息系统和信息资源免受各种威胁、干扰和破坏，即保证信息的安全性。

《中华人民共和国计算机信息系统安全保护条例》给出了包括计算机网络系统在内的计算机信息系统安全的概念：计算机信息系统的安全保护，应当保障计算机及其相关的配套设备、设施（含网络）的安全，保障运行环境的安全，保障信息的安全，保障计算机功能的正常发挥，以维护计算机信息系统安全运行。

国际标准化组织对信息安全给出的定义是：为数据处理系统建立和采取的技术及管理防护，保护计算机硬件、软件、数据不因偶然及恶意的原因而遭到破坏、更改和泄露。

2. 信息安全的重要性

信息安全是一个不容忽视的国家安全战略问题，是任何一个组织机构和个人都必须重视的问题。对于不同的部门和行业来说，其对信息安全的要求和重点是有区别的。从国家的角度来讲，信息安全关系到国家安全；对组织机构来说，信息安全关系到组织机构正常运营与持续发展；对个人而言，信息安全是保护个人隐私和财产的必然要求。保证信息安全和网络社会的整体安全，对整个社会的网络化和信息化建设提供基础性的安全保障，是信息化社会国家安全的基石与命脉。

3. 信息安全的风险因素

> **小贴示**
> 2021 年上半年，国家互联网应急中心监测发现并协调处置我国境内被篡改的网站近 3.4 万个，其中被篡改的政府网站有 177 个。境内外近 1 万个 IP 地址对我国境内约 1.4 万个网站植入后门。

信息安全风险主要是指在信息化建设中，各类应用系统及其赖以运行的基础网络、处理的数据和信息，由于其可能存在一些缺陷，以及信息安全管理中潜在的薄弱环节，而导致的不同程度的安全隐患。

1）开放的网络环境

网络系统具有开放、快速、分散、互联、虚拟、脆弱等特点。网络用户访问任何网站几乎不受时间和空间的限制，信息传输速度快，因此，病毒等有害信息可在网络中快速扩散。网络基础设施和终端设备数量众多，分布地域广阔，各种信息系统互联互通，用户身份和位置真假难辨，构成了一个庞大而复杂的虚拟环境。这些因素都给信息安全管理造成了极大的困难。

2）操作系统的缺陷

操作系统是信息系统最基础的软件，一方面它直接为用户数据提供各种保护机制，另一方面为应用程序提供可靠的运行环境。操作系统本身可能存在设计上的缺陷和错误，给信息安全造成一定的隐患，有很多网络攻击都是从寻找操作系统的缺陷入手的。

3）应用软件的漏洞

操作系统提供了一个基础平台，实际使用最多的是应用软件。应用软件注重应用功能，且开发者众多，其维护难度大。如果软件在设计和实现时因安全防护考虑不周而被黑客利用，黑客就能达到获得隐私、窃取信息，甚至破坏系统的目的。

4）网络协议的安全风险

网络协议用于实现各种网络的连接、通信、交互与数据交换，在其设计之初和实际应用中主要注重不同结构网络的互联互通，忽略了其安全性问题。网络各层协议是一个开放体系且存在研发缺陷，致使整个网络系统存在很多安全风险和隐患。

5）物理因素

信息安全系统的物理安全是最基础的，通常信息系统会面临雷电、洪水、地震、火灾等造成的自然灾害，以及通信中断、电力中断、电磁泄漏、热辐射等造成的设施系统故障等。

6）人为因素

信息系统都离不开人的管理，但高素质管理员较少。此外，还缺少信息安全管理的技术规范、定期的安全测试与检查以及安全监控。许多公司和用户的信息安全意识比较薄弱，这些人为因素也影响了信息系统的安全性。

4. 信息安全的基本属性

信息安全的基本属性包括以下 5 大特性。

（1）保密性（confidentiality），是指保证信息为授权者使用而不泄露给未经授权者。

（2）完整性（integrity），是指保证信息从真实的发信者传送到真实的收信者，传送过程中没有被非法用户添加、删除、替换等。

（3）可用性（availability），是指保证信息和信息系统随时为授权者提供服务，保证合法用户对信息和资源的使用不会被不合理的拒绝。

（4）可控性（controllability），是指对信息和信息系统实施安全监控管理，保证掌握和控制信息与信息系统的基本情况，可对信息和信息系统的使用实施有效管控。

小贴示

为文件、系统等设置密码是出于信息保密性的考虑，我们在日常学习、办公过程中可以为一些重要文件设置密码以保证其保密性。

电子签名不是书面签名的数字图像化，它是一种电子代码，利用它，收件人能验证发件人的身份以及电子文件的完整性，具有不可否认性的特点。在企业中，对于往来的重要电子文档，可使用电子签名保证其安全、有效。

（5）不可否认性（non-repudiation），是指信息系统在交互运行中确保并确认信息的来源以及信息发布者的真实可信及不可抵赖的特性。

讨论与交流

下面的案例涉及信息安全的哪些属性？

（1）通过云盘存放文件时，设置密码。

（2）《中华人民共和国电子签名法》规定，可靠的电子签名与手写签名或者盖章具有同等的法律效力。此后，很多领域，如网上银行、电子合同的签署等，开始广泛使用电子签名。

5. 我国信息安全相关法律法规

国务院、公安部等有关单位从 1994 年起制定发布了一系列信息安全方面的法规，这些法规是指导我们进行信息安全工作的依据，主要分 3 个层面。

1）法律

法律是指由全国人民代表大会及其常委会通过的法律规范。与信息安全相关的法律有《宪法》《国家安全法》《网络安全法》等。这些法律不是专门规范网络行为的法律，但是它的约束范围包含了危害信息安全的行为。

2）行政法规

行政法规主要是国务院为执行宪法和法律而制定的法律规范。与网络信息安全有关的行政法规包括《计算机信息系统安全保护条例》《计算机信息网络国际联网安全保护管理办法》《互联网信息服务管理办法》等。

3）地方性法规、规章和规范性文件

这类法规主要是指国务院各部、委根据法律和行政法规，在本部门的权限范围内制定的法律规范，以及省、自治区、直辖市和较大的市人民政府根据法律、行政法规和本省、自治区、直辖市的地方性法规制定的法律规范。例如，公安部制定的《计算机病毒防治管理办法》《金融机构计算机信息系统安全保护工作暂行规定》等。

这些信息安全法律法规的颁布为我国加强网络时代信息安全的保护和打击违法犯罪活动奠定了法律基础。我们作为信息社会的一员，应及时了解信息安全相关法律法规，遵守法律法规，也应学会利用法律维护自己的合法权益。

6. 网络安全等级保护

网络安全等级保护的对象是指由计算机或者其他信息终端及相关设备组成的按照一定的规则和程序对信息进行收集、存储、传输、交换、处理的系统。在我国，网络安全等级保护分为 5 个等级。

第一级：信息系统受到破坏后，会对公民、法人和其他组织的合法权益造成损害，但不损害国家安全、社会秩序和公共利益。

第二级：信息系统受到破坏后，会对公民、法人和其他组织的合法权益产生严重损害，或者对社会秩序和公共利益造成损害，但不损害国家安全。

第三级：信息系统受到破坏后，会对公民、法人和其他组织的合法权益造成特别严重损害，或者会对社会秩序和公共利益造成严重损害，或者对国家安全造成损害。

第四级：信息系统受到破坏后，会对社会秩序和公共利益造成特别严重损害，或者对国家安全造成严重损害。

第五级：信息系统受到破坏后，会对国家安全造成特别严重损害。

《网络安全等级保护定级指南》规定，原则上，大数据安全保护等级不低于第三级。对于确定为关键信息基础设施的，原则上，其安全保护等级不低于第三级。

任务 7.2 信息安全相关技术

任务描述

小艾同学通过对信息安全的概念、基本属性及风险因素等知识的学习，明白了信息安全的重要性。那么信息安全的风险因素如此之多，需要面对的具体威胁有哪些呢？针对这些威胁又应如何应对呢？小艾得去学习一些安全防御技术。

任务目标

- 了解信息安全面临的威胁。
- 熟悉常用网络安全防御技术。

任务实现

7.2.1 信息安全面临的威胁

信息安全面临的威胁是多方面的，但还是人为因素占主导。常见的信息安全威胁有黑客攻击、恶意程序、网络诈骗等。

1. 黑客攻击

“黑客”是英文“Hacker”的译音，本意为“干了一件非常漂亮的事”。原指一群专业技能超群、聪明能干、精力旺盛、对计算机信息系统进行非授权访问的人。后来成为专门利用计算机进行破坏或入侵他人计算机系统的人的代名词。常见的黑客攻击手段有以下几种。

> **小贴示**
> 2015 年，叶某某编写了一款软件并绑定自身开发的验证码识别平台，以“撞库”方式实现淘宝账号、密码批量验证并登录。谭某某利用平台成功获取账号、密码两万余组并售出。

（1）口令破解。口令破解攻击的目标都是口令，是黑客最喜欢采用的入侵信息系统的方法。黑客攻击目标时常常把破译用户的口令作为攻击的开始。只要黑客能猜测或者确定用户的口令，就能获得计算机或者网络的访问权，并能访问用户能访问的任何资源。例如，窃取系统信息、磁盘中的文件，甚至对系统进行破坏。

> **讨论与交流**
>
> 如何防范口令攻击？你在设置账号密码时有哪些经验？

（2）网络监听。监听技术最初是提供给系统管理员用的，后来逐渐成了黑客使用较多的技术，主要用于监视他人的网络状态、攻击网络协议、窃取敏感信息等。常规情况下，黑客可以在网络中监听他人的数据包，并通过分析捕获的数据包，获得账号和密码等敏感信息。

（3）拒绝服务。拒绝服务是指黑客利用合理的服务请求占用过多的服务资源，使合法用户无法得到服务的响应，直至服务器瘫痪而停止提供正常网络服务的攻击方式。

2. 恶意程序

恶意程序通常是指带有攻击意图的一段程序。恶意程序虽然不像黑客攻击那样有着明确的攻击目标，但威胁更大，有的恶意程序可在计算机网络中肆意传播，影响计算机的正常使用。常见的恶意程序有病毒、特洛伊木马、蠕虫、流氓软件等。

（1）病毒。计算机病毒是人为编制的一组指令或程序，具有影响或破坏计算机系统正常运行的功能，能够自我繁殖、互相传染以及激活再生。计算机中病毒后，轻则影响运行速度，重则死机并破坏系统。计算机病毒不是独立存在的，它们能把自身隐蔽附着在多种类型的文件上，可通过网络系统或其他媒介进行传播、感染、攻击和破坏，具有传染性、潜伏性、可触发性、破坏性和不可预见性等特点。

手机病毒其实质与计算机病毒基本一样，可利用发送短信、彩信、电子邮件、下载文件、浏览网站、下载铃声和蓝牙等方式进行传播，可能导致用户手机死机、关机、个人资料被删、向外发送垃圾邮件、泄露个人信息、自动拨打电话等。

> **小贴示**
>
> 在享受智能手机带来的各种便利的同时，我们也正在面临越来越严重的信息安全风险。特别是在相对开放的安卓系统下，对智能手机及应用程序的信息安全管理要求变得越来越迫切，国家先后制定《App收集使用个人信息最小必要评估规范》和《移动互联网应用程序个人信息保护管理暂行规定》，开始强化行业管理。

（2）特洛伊木马。特洛伊木马简称为木马，与古希腊战争中的“木马”战术非常相似，因而得名。木马是以盗取用户个人信息，甚至是以远程控制用户计算机为主要目的的恶意程序。木马具有攻击系统、破坏文件、发送密码和记录键盘等特殊功能。

木马与一般的病毒不同，它不会自我繁殖，也不感染其他文件，它通过伪装自身吸引用户下载执行。木马程序表面上是无害的，甚至对没有警戒的用户还颇有吸引力，它们经常隐藏在游戏、图形软件或其他一些应用软件中。这些表面上看似友善的程序被下载运行后，就会进行一些非法的行动。

（3）蠕虫。蠕虫病毒不需要宿主程序，它是一段独立的程序或代码，能够独立运行，因此也就避免了受宿主程序的牵制，可以利用操作系统的各种漏洞进行主动攻击。蠕虫病毒比传统病毒具有更大的传染性，破坏性更强，它不仅感染本地计算机，而且会以本地计算机为基础，借助共享文件夹、电子邮件、恶意网页和存在漏洞的服务器等传染整个网络内的所有计算机，破坏系统，使系统瘫痪。

（4）流氓软件。流氓软件是介于病毒和正规软件之间的软件，很多网络用户在使用计算机时经常受其干扰，例如，用户在没有浏览网页的情况下也会看到弹出式广告、Web浏览器设置在不知情的情况下发生改变、浏览器被莫名增加了许多工具条等。

3. 网络诈骗

网络诈骗是指以非法占有为目的，利用互联网采用虚构事实或者隐瞒真相的方法，骗取公私财物的行为。网络钓鱼是较为常用的网络诈骗方法。

“网络钓鱼”是一种攻击者利用欺骗性的电子邮件或伪造的Web站点等来进行网络诈骗活动，受骗者往往会泄露自己的私人资料。常见的网络钓鱼有如下手段。

（1）攻击者建立与真正的网上银行系统、网上证券交易平台极为相似的网站，诱使用户输入账号、密码等信息，进而通过真正网站或伪造卡片进行盗窃。

（2）攻击者发送以中奖、顾问、对账等内容的邮件引诱收件人填入金融账号和密码，或以各种理由诱使收件人登录网页提交个人金融信息，继而盗窃资金。

（3）攻击者通过建立电子商务网站，或在一些比较知名的电子商务平台上发布虚假商品销售信息来骗取资金。

实践与体验

为了有效预防诈骗、快速举报诈骗内容，公安部推出了国家反诈中心 App。请在自己的手机上安装 App。下载、安装步骤（以安卓手机为例）如下：

（1）打开系统自带的“应用商店”。

（2）在“应用商店”搜索“国家反诈中心”。

（3）选择“国家反诈中心”进行下载并安装。

（4）打开 App，选择常驻地区，接受精准预警。

（5）通过输入手机号码获取验证码注册登录。

7.2.2 常用的网络安全防御技术

为了抵御网络威胁，并能及时发现网络攻击线索，修补有关漏洞，记录、审计网络访问日志，以尽可能地保护网络环境安全，可采取以下网络安全防御技术。

1. 数据加密技术

数据加密技术是指通过变换信息的表示形式来伪装需要保护的敏感信息，使非授权者不能了解被保护信息的内容。其目的是保护信息系统中的数据、文件、口令和控制信息等，同时也可以提高网络中传输数据的可靠性，这样即使黑客截获了网络上传输的数据包也很难得到正确的信息。

通信双方在运用加密技术进行信息传输过程中，发信方将明文信息加密成密文后发送出去，收信方在收到密文后将其解密为明文。整个过程如图 7.2.1 所示。

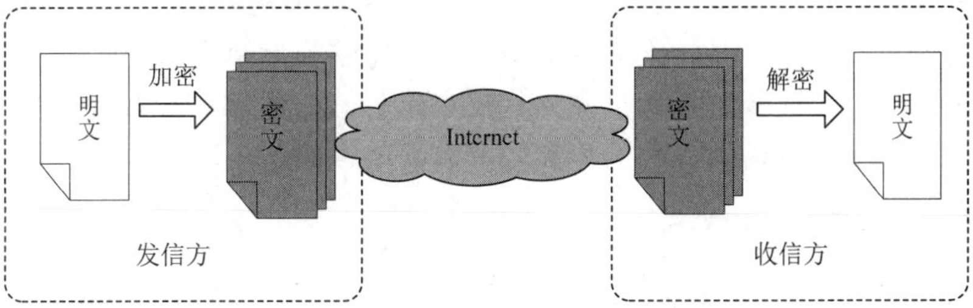

图 7.2.1 加密和解密过程

2. 认证技术

认证技术是指证实通信参与者的身份或者对网络传输数据进行审计、确认的过程。其目的是确认信息发送者的身份以及信息在传送或存储过程中未被篡改过。常用的认证技术包括身份认证和消息认证。

身份认证是指用户在进入系统或访问不同保护级别的系统资源时，系统确认该用户的身份是否真实、合法和唯一，即系统对用户身份的识别和验证过程。身份认证是实施访问控制、审计等一系列信息安全措施的前提。

消息认证用于保证信息的完整性和不可否认性。通常用来检测主机收到的信息是否完整，以及检测信息在传递过程中是否被修改或伪造。

3. 访问控制技术

访问控制技术主要用于授权、限制和监控用户对网络资源的访问，是保证资源的合法使用和网络系统安全的主要措施。

访问控制是按用户身份及其所属的某项定义组来限制用户对某些信息项的访问，或限制对某些控制功能的使用的一种技术。为了保证信息系统的机密性和完整性，必须对网络系统实施访问控制。

访问控制通常用于系统管理员控制用户对服务器、目录、文件等网络资源的访问。用户只有被授予一定权限，才有资格去访问相关资源，从而可以避免对任何资源进行未授权的访问。

4. 反病毒技术

反病毒技术是一种安全机制，它可以通过病毒特征检测来识别和处理病毒文件，避免由病毒文件而引起的数据破坏、权限更改和系统崩溃等情况的发生。

杀毒软件是一种可以对病毒、木马等一切已知的有害程序代码进行清除的程序工具。目前，市场上流行的杀毒软件有360杀毒、瑞星杀毒、金山毒霸、百度杀毒、江民杀毒软件等。

对于一些网络安全设备（如专门的防病毒网关等），可将其部署在网络出口处并配置反病毒功能，设备会放行正常文件进入内部网络，并通过阻断、告警等手段对检测出的病毒文件进行干预或提醒。

5. 防火墙技术

防火墙技术是一种将内部网和公众访问网分开的方法。它遵循的是一种允许或阻止业务来往的网络通信安全机制，也就是提供可控的过滤网络通信，只允许授权的通信。

防火墙是一种位于内、外网之间的监控系统，能够根据制定的访问规则对流经它的信息进行监控和审查，用于过滤、屏蔽和拦截有威胁的数据包。防火墙常常安装在内部网和外部网交界点上，实现对内网的保护，其部署结构如图7.2.2所示。

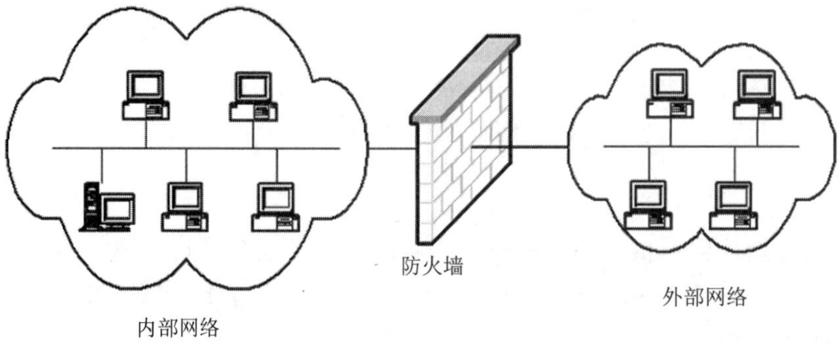

图7.2.2 防火墙的部署

6. 入侵检测技术

入侵检测技术是一种通过检测发现入侵行为的技术，是指通过收集计算机网络和计算机系统中的若干关键点信息并对其进行分析，从中发现网络或系统中是否有违反安全策略的行为和被攻击的迹象。

入侵检测系统是一种计算机软件或软、硬件组合的系统，它通过对被保护网络、主机数据的采集和对采集到的数据进行分类和分析，发现入侵行为。

入侵检测系统采用积极主动的安全防护策略，在网络系统受到危害之前拦截和响应入侵，是防火墙的合理补充。防火墙可抵御外部的入侵，对内部攻击行为无能为力。入侵检测系统需部署在网络内部，如图 7.2.3 所示，其监控范围可覆盖整个子网，包括来自外部的数据和内部终端之间传输的数据。

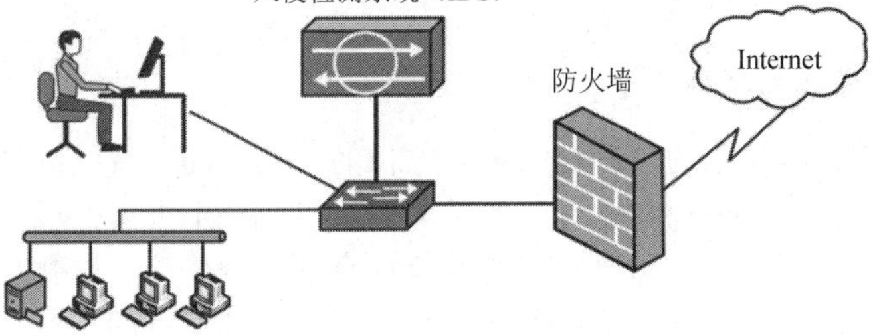

图 7.2.3　入侵检测系统部署

7. 系统容灾

系统容灾是指为信息系统提供的一个能应付各种灾难的环境。当信息系统在遭受自然灾害、黑客攻击、通信失败、软硬件错误和人为操作错误等灾难时，使用系统容灾技术建立的容灾系统将保证用户数据的安全性。系统容灾包括数据容灾和应用容灾。

数据容灾是指建立一个异地的数据系统，该系统是本地关键应用数据的一个可用复制。在本地数据及整个应用系统出现灾难时，系统至少在异地保存有一份可用的关键业务的数据。应用容灾是指在数据容灾的基础上，在异地建立一套完整的与本地系统相当的备份应用系统。

实践与体验

（1）备份自己个人计算机或手机里的重要信息或数据。

（2）观察学校或某个单位的防火墙，了解其型号、类型与作用。

任务 7.3　体验信息安全防护

任务描述

小艾同学通过信息安全基础知识的学习，了解了信息安全所面临的具体威胁，并认真学习了常用的安全防御技术。现在小艾想一试身手，在先理清信息安全保障的思路后，着手对自己笔记本电脑所安装的 Windows 10 操作系统进行安全防护处理，以抵御黑客攻击、病毒威胁、网络诈骗等。

任务目标

- 了解网络信息安全保障的思路。
- 掌握操作系统的安全防护。

任务实现

7.3.1 网络信息安全保障的思路

保证信息安全是整个网络信息系统安全设计的最终目标。要实现目标，首先需要做好网络信息安全保障体系的建设。

1. 机构用户建立网络信息安全保障体系

网络信息安全保障体系的建设是一个全方位的、动态的、持续的过程。基于当前信息安全形势的要求，机构用户建立保障体系可围绕以下几个方面开展工作。

（1）安全风险分析。用户需要对现有的信息系统安全风险、威胁和隐患做出安全评估和安全需求分析，并能够突出用户所在的行业，结合其业务的特点、网络环境和应用系统等要求进行分析。

（2）制定安全策略。主要根据用户的信息系统实际状况，通过具体的安全风险分析，确定出切实可行的、综合的信息安全策略并进行实施。

（3）全面的安全防护。为信息系统提供全面的保护措施，需要结合用户的具体网络、系统和应用的实际情况来制定，内容包括防火墙保护、防病毒保护、身份验证保护和入侵检测保护等。通过对技术进行比较和分析，选择最有效的技术。

（4）连续的风险检测。主要通过检测评估和安全人员，对网络系统和应用中可能存在的安全威胁隐患和风险，连续地进行全面的安全风险检测和评估。

（5）紧急响应与灾难恢复。对用户的网络系统和应用遇到的安全入侵事件，能够做出快速响应和及时处理。当网络系统中的文件、网页、数据库、网络和系统遇到意外破坏时，可以采用迅速恢复技术。做好网络与信息业务系统数据的备份，确保业务系统安全运行。

（6）安全管理。在信息系统的使用和管理过程中，严格遵守国家的有关法律、法规和相关规定。建立完善管理制度和实施办法，确保使用网络和提供信息服务的安全，对重要备份数据进行专人保管，避免信息泄露。

2. 个人用户采取网络攻击防范措施

对于个人用户来说，防范网络攻击要在主观上重视，客观上采取积极措施，具体的网络攻击防范措施包括以下几个方面。

（1）加强信息安全防范法律法规方面的学习，提高安全防范意识。

（2）加固系统，及时下载和安装系统补丁程序。

（3）尽量避免从互联网上下载不知名的软件和游戏程序。

（4）不要随意打开来历不明的电子邮件及文件、运行不熟悉的人给予的程序。

（5）设置安全密码，使用字母数字混排，常用的密码设置为不同的，重要密码经常更换。

（6）使用防病毒、防黑客等防火墙软件，以阻挡外部网络的入侵。

（7）隐藏自己的 IP 地址。可采取的方法有：使用代理服务器进行中转，用户上网聊天、登录 BBS 等不会留下自己的 IP；使用工具软件，如 Norton Internet Security 来隐藏主机地址，避免在 BBS 和聊天室暴露个人信息。

（8）切实做好端口防范，安装端口监视程序，并将一些不用的端口关闭。

（9）加强浏览器对网页的安全防护，通过对浏览器属性的设置来提高访问网页的安全性。

（10）上网前备份注册表，许多黑客攻击会对系统注册表进行修改。

（11）加强管理。定时更新防病毒软件，将防病毒软件保持在常驻状态；对于重要的个人资料做好严密的保护，并养成资料备份的习惯。

7.3.2　操作系统的安全防护

常用的操作系统有 Windows 类、Linux 类等。Windows 10 是一款跨平台系统软件，可作为计算机和平板电脑等设备的操作系统。目前，Windows 10 广泛应用于生产、生活中，其安全防范也是信息系统安全防范比较基础的一环。

> **小贴示**
> 对于移动终端（智能手机），应该采取以下信息安全防范措施：安装可靠的手机安全软件，定期进行安全扫描；不安装未知来源的应用；设置手机应用管理，对于应用权限进行管理，慎重开放发送和读取短信、读取联系人、监听电话等权限；设置锁屏密码，给重要应用程序设置应用锁；不随意打开不明来源的短信链接；不连接未知来源的免费开放式 Wi-Fi；及时备份个人信息。

1. 系统安全设置

在 Windows 10 操作系统中，启用其自带的安全和维护功能可以起到很好的保护作用。安全和维护功能设置步骤如下：

（1）在操作系统“控制面板”中，单击“系统和安全”链接，打开“安全和维护”窗口，在“安全”栏可见系统的安全设置情况，如图 7.3.1 所示，用户可根据需要单击相应链接对其配置。

（2）在“维护”栏可查看可靠性历史记录，启用或关闭文件历史记录，如图 7.3.2 所示；单击“自动维护”栏中的“开始维护”链接可对系统进行维护，单击“更改维护设置”链接可对每日运行维护的时间进行设置。

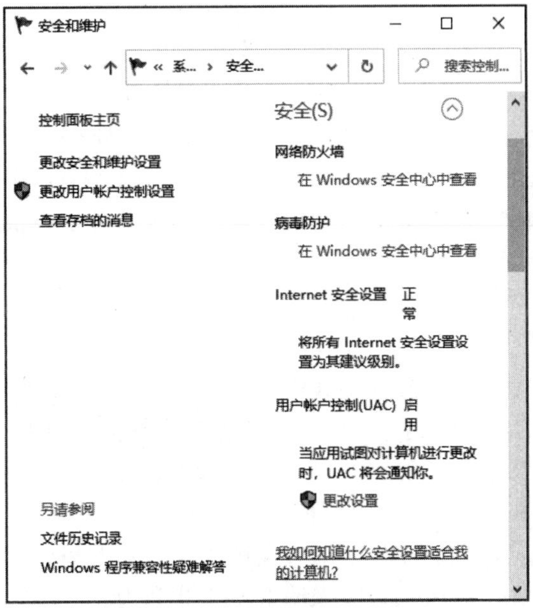

图 7.3.1　查看系统安全设置

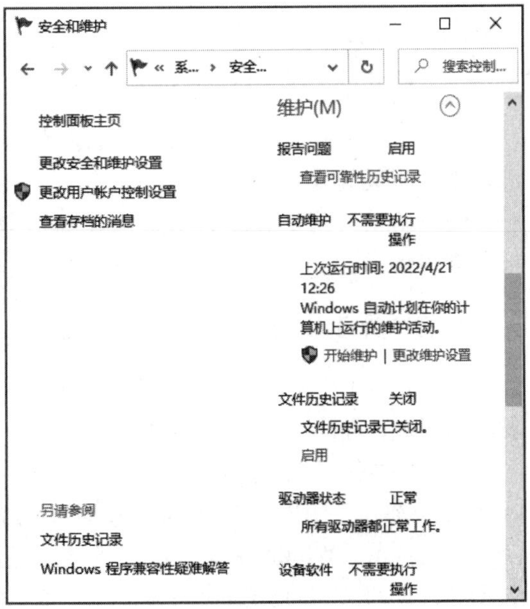

图 7.3.2　系统安全维护

（3）单击“安全和维护”窗口中的“更改安全和维护设置”链接，可对系统的安全和维护设置进行更改。

2. 杀毒软件的配置

Windows 10 操作系统中，Microsoft Defender 是一套完整的反病毒软件，内置实时防护功能，可扫描设备上正在运行的程序，以抵御电子邮件、应用、云和 Web 上的病毒、恶意软件和间谍软件等软件威胁，其配置步骤如下：

（1）单击操作系统“开始”菜单的“设置”项，进入“Windows 设置”窗口后打开“更新和安全”链接，选择进入“Window 安全中心”，可查看和管理设备安全性及运行状况，如图 7.3.3 所示。

（2）在“Window 安全中心”窗口，单击“病毒和威胁防护”，打开“病毒和威胁防护”窗口，在“当前威胁”栏中单击“快速扫描”，可以对系统中的病毒和威胁进行扫描，如图 7.3.4 所示。

图 7.3.3 Windows 安全中心

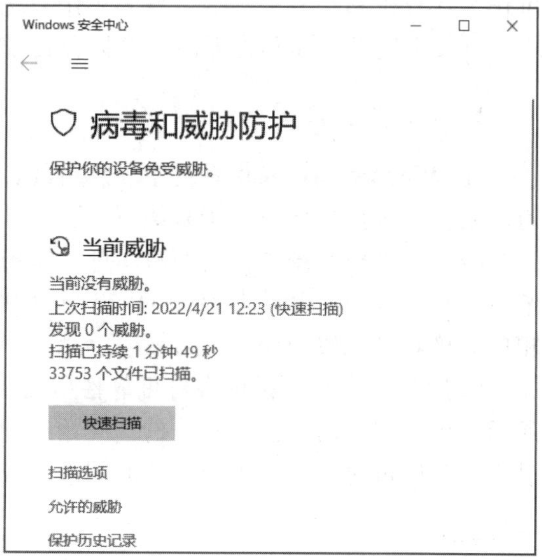

图 7.3.4 病毒和威胁扫描

（3）单击“病毒和威胁防护”设置栏中的“管理设置”链接，可以查看和更新防病毒软件的相关设置。

（4）单击“病毒和威胁防护更新”栏中的“检查更新”链接，可以查看有关安全情报版本的信息，并可检查是否有更新所示。

3. 防火墙的配置

Windows 10 操作系统的防火墙处于开启状态时，没有得到授权或许可的请求会受到限制和拦截，可以阻止相当一部分来自网络的恶意攻击。防火墙的开启及配置步骤如下：

（1）在操作系统“控制面板”中，打开“系统和安全”链接，单击“Windows Defender 防火墙”选项，打开“Windows Defender 防火墙”窗口，如图 7.3.5 所示。

（2）单击“Windows Defender 防火墙”窗口左侧的“启用或关闭 Windows Defender 防火墙”按钮，可打开防火墙的“自定义设置”对话框。防火墙的默认状态为“开启”，用户可以根据需要进行设置，如图 7.3.6 所示。

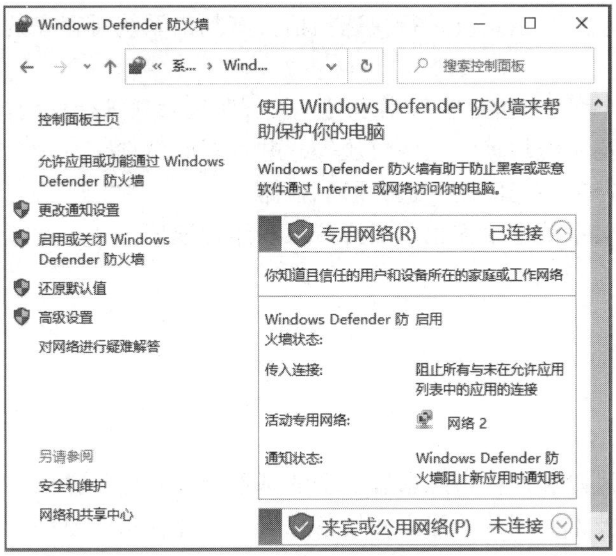

图 7.3.5　Windows Defender 防火墙

图 7.3.6　防火墙的自定义设置

（3）单击“Windows Defender 防火墙”窗口左侧的“高级设置”按钮，打开“高级安全 Windows Defender 防火墙”对话框，在对话框中可以设置防火墙的入站规则、出站规则、连接安全规则和监视。

（4）单击“Windows Defender 防火墙”窗口左侧的“还原默认值”按钮，打开“还原默认值”对话框，在任何时候都可以让防火墙的设置恢复到其默认状态。

4. 360 安全卫士的应用

360 安全卫士是一款由奇虎 360 推出的功能强、效果好、受用户欢迎的安全软件，拥有查杀木马、清理插件、修复漏洞等多项功能，其操作步骤如下：

（1）登录 360 官网（https://www.360.cn）下载软件并安装，双击桌面的“360 安全卫士”图标，即可进入其操作界面，如图 7.3.7 所示。

图 7.3.7　360 安全卫士操作界面

（2）单击“立即体检”按钮，自动对当前系统进行快速扫描，查找出系统所存在的问题，并可进行修复。

（3）单击“木马查杀”按钮，扫描系统是否存在病毒木马，并可对危险项进行处理。

（4）单击“电脑清理”按钮，扫描系统垃圾、上网痕迹等，并可对其清理。

（5）单击“系统修复”按钮，可修复系统漏洞，避免隐私泄露。

（6）单击“优化加速”按钮，可对系统进行优化，加快开机和运行速度。

单元小结

本单元主要介绍了识别信息安全风险和保护信息系统安全的基本操作技能与方法，以及辨别和防范常见信息安全威胁的技术，理清了建立网络信息安全保障体系的思路，讲解了建立个人信息安全保护机制的基本操作，培养了信息安全意识和保护个人信息安全的能力。

课后习题

一、选择题

1. 信息安全的实质是保护信息系统和（　　）免受各种威胁、干扰和破坏，即保证信息的安全性。

A. 数据　　B. 信息设备　　C. 资料　　D. 信息资源

2. 在短时间内向网络中的某台服务器发送大量无效连接请求，导致合法用户暂时无法访问服务器的攻击行为是破坏了信息安全的（　　）属性。

A. 保密性　　B. 完整性　　C. 可用性　　D. 可控性

3. 保证信息不被篡改的特性，称为（　　）。

A. 完整性　　B. 保密性　　C. 可用性　　D. 可控性

4. 被黑客搭线窃听属于（　　）风险。

A. 信息存储安全　　B. 信息传输安全

C. 信息访问安全　　D. 以上都不是

5. 防火墙用于将 Internet 和内部网络隔离，是（　　）。

A. 防止 Internet 火灾的硬件设施

B. 信息安全的软、硬件设施

C. 保护线路不受破坏的软、硬件设施

D. 起抗电磁干扰作用的硬件设施

6. 系统容灾的目的和实质是（　　）。

A. 保持信息系统的业务连续性　　B. 数据备份

C. 系统的有益补充　　D. 心理安慰

二、填空题

1. 国际标准化组织对信息安全的定义是: 为数据处理系统建立和采取的技术及管理防护，保护计算机硬件、软件、数据不因__________的原因而遭到破坏、更改和泄露。

2. 常见的恶意程序有计算机病毒、__________、__________、流氓软件等。

3. 计算机病毒可通过网络系统或其他媒介进行传播、感染、攻击和破坏，具有__________、__________、可触发性、破坏性和不可预见性等特点。

4. 常见的黑客攻击手段有口令破解、__________、__________等。

5. __________是一种攻击者利用欺骗性的电子邮件或伪造的 Web 站点等来进行网络诈骗活动，受骗者往往会泄露自己的私人资料。

6. 访问控制技术主要用于授权、限制和监控用户对__________的访问，是保证资源的__________和网络系统安全的主要措施。

学习笔记

8 单元 项目管理

单元导读

项目管理是指项目管理者在有限的资源约束下，运用系统理论、观点和方法，对项目涉及的全部工作进行有效管理，即从项目的投资决策开始到项目结束的全过程进行计划、组织、指挥、协调、控制和评价，以实现项目的目标。项目管理作为一种通用技术已应用于各行各业，获得了广泛的认可。本单元包含项目管理基础知识和项目管理工具应用等内容。

任务 8.1 了解项目管理

任务描述

为了更好地激励学生投身到创新创业活动中，学院团委组织学生会发布了一个项目开发任务需求："青春杯"体育赛事管理系统，该系统要求具有报名、赛事安排、记分与统计发布等功能，开发投入预算控制在50万元以内，要求于2023年1月15日前交付使用。

小董组织了几个同学准备承接该项目，他们找到团委于老师表达了这个想法。以前同学们自发组织过一些创新创业项目，但都由于时间拖延、成本过高等原因，导致了项目半途而废的失败结局。针对小董提出来的这些担忧，于老师告诉他，要完成好这个任务，最重要的是做好项目管理。作为团队负责人，首先就要了解项目管理的知识。在于老师的指导下，小董和团队同学开始了项目管理知识的学习。

任务目标

- 了解项目的概念和目标。
- 理解项目三要素。
- 理解项目管理的概念和特点。

任务实现

8.1.1 项目的概念和目标

项目是人们通过努力，运用各种方法，将人力、材料和财务等资源组织起来，根据商业模式的相关策划安排，进行一项独立一次性或长期无限期的工作任务，以期达到由数量和质量指标所限定的目标。项目具体可以是一项工程、服务、研究课题或活动等。

项目具有的主要特点有临时性、唯一性和逐步完善。临时性是指项目具有明确的起点和终点，项目目标实现了也就是项目结束的终点，若因某些原因（项目取消或终止），项目也结束了；唯一性是指每一个项目提供的服务或产品是独特的、不可重复的；逐步完善是指项目的目标是随着项目开展推进而逐步完成的。

项目目标包括成果性目标和约束性目标。项目成果性目标指通过项目开发出的满足客户要求的产品、系统、服务或成果；项目约束性目标是指完成项目成果性目标需要的时间、成本以及要求满足的质量。

针对"青春杯"体育赛事管理系统这个项目，开发完成的比赛管理系统软件是该项目的成果性目标，成本控制在50万元以内和2023年1月15日完成就是约束性目标。

讨论与交流

很多同学根据自己的兴趣准备开发一个系统或者准备开始一个作品设计，但是没有给出具体的时间，那算不算一个项目呢？

8.1.2　项目三要素

一个项目是否成功主要考虑三个因素：项目按时完成、项目质量符合预期要求以及项目成本控制在范围内，所以质量、成本和时间（进度）三个因素被称为项目三要素。这三个要素彼此之间是鱼与熊掌的关系，很难做到完美兼顾。

项目开始时，成本、质量和时间三要素维持的是一个等边三角形（图 8.1.1），随着项目的推进，每一个要素的变化都会影响其他两个要素，导致三角形夹角发生变化，项目管理者的职责就是掌控这个三角形，维持一个合理的角度。

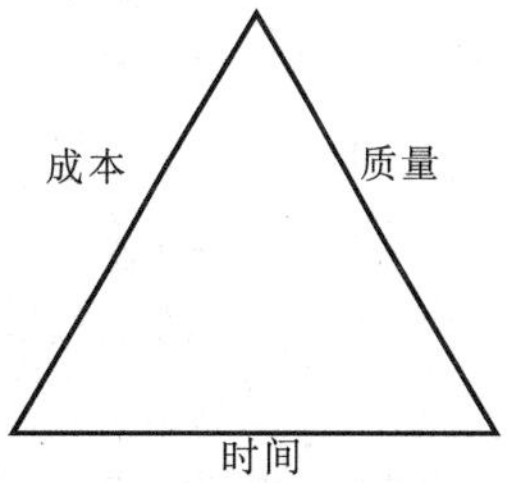

图 8.1.1　项目三要素

讨论与交流

针对“青春杯”体育赛事管理系统项目，你认为这三个要素需要重点关注的难点是哪个呢？说出你的理由。

8.1.3　项目管理的概念和特点

1. 项目管理的概念

项目管理（project management）是指项目管理者在有限的资源约束下，运用系统理论、观点和方法，对项目涉及的全部工作进行有效管理，即从项目的投资决策开始到项目结束的全过程进行计划、组织、指挥、协调、控制和评价，以实现项目的目标。这里有限的资源约束主要是项目三要素和范围、人力等。

2. 项目管理内容

项目管理内容有项目范围管理、项目时间管理、项目成本管理、项目质量管理、项目人力资源管理、项目沟通管理、项目风险管理、项目采购管理、项目干系人管理、项目集成管理。

3. 项目经理的职责和权力

项目经理通过项目章程获得项目管理授权，是对项目成功实施和目标实现负总责的人，是项目团队的领导者和管理者。项目经理的首要职责是在预算范围内按时优质地领导项目小组完成全部项目工作内容，并使客户满意。为此项目经理必须在一系列的项目计划、组织和控制活动中做好领导工作，从而实现项目目标。项目经理具有的权力有人

事权、财务权、一定的技术决策权等。具体如下:

(1) 参与项目招标、投标并评价的权力。
(2) 参与选择并使用具有相应资质的分包人的权力。
(3) 参与选择物资供应单位的权力。
(4) 主持组建项目部，对人员的选用、管理的权力。
(5) 领导项目部工作权力（重大事项之外的）。
(6) 决定授权范围内的项目资金的投入和使用的权力。
(7) 一定的技术方案决定的权力。
(8) 提出内部薪酬分配方案的权力。
(9) 在授权范围内协调与项目有关的内、外部关系的权力。
(10) 安全、质量、工期控制和考核的权力。
(11) 项目部员工考勤、评优、评价的权力。
(12) 月度计划进度的拟定、实施和管理的权力。
(13) 现场施工的组织与领导权。
(14) 激励政策分配的权力。
(15) 法定代表人授予的其他权力。

讨论与交流

针对“青春杯”体育赛事管理系统项目，到底哪位同学更适合担任项目经理呢？在于老师的组织下，小董和几个同学经过认真地讨论，根据项目经理的职责选出了合适的人选。那么你认为要成为项目经理，应该满足哪些方面的要求呢？

任务 8.2 熟悉项目管理过程

任务描述

通过对项目和项目管理概念的了解，小董理解了通过项目管理可以实现项目目标，而一个项目是否成功主要考虑三个要素：项目按时完成、项目质量符合预期要求以及项目成本控制在预算范围内。对于“青春杯”体育赛事管理系统项目，该如何开始呢？于老师告诉他，只理解概念还不行，还需要熟悉项目管理过程，并带着小董和几个同学开始了项目管理过程的学习和模拟。

任务目标

- 了解项目管理的 5 个过程。
- 了解项目管理各过程组的主要任务。

任务实现

8.2.1　概述

项目管理的 5 个过程分别为启动、规划、执行、监控、收尾，每个过程都有自己的输入与输出，各过程之间通过具体的输入和输出（即本阶段成果）相联系，一个过程的输出（成果或结果）可能成为后续另一个过程（不一定在同一过程组）的输入，如图 8.2.1 所示。

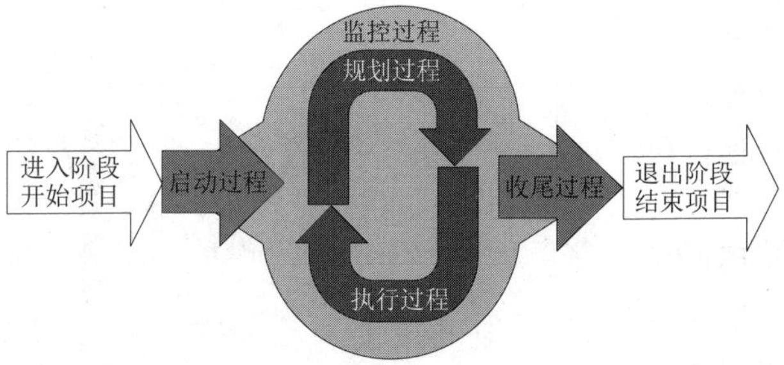

图 8.2.1　项目管理的 5 个过程

8.2.2　项目管理过程组

1. 启动过程组

启动过程组是指定义一个新项目或现有项目的一个新阶段，授权开始该项目或阶段的一组过程，包括“制定项目章程”和“识别项目干系人”两个过程。

项目章程是正式批准项目的文件。项目章程授权项目经理在项目活动中动用组织的资源，项目章程的批准，标志着项目的正式启动。

项目章程应包含如下内容:

（1）项目目的或批准项目的原因。

（2）可测量的项目目标和相关的成功标准。

（3）项目的总体要求。

（4）概括性的项目描述。

（5）项目的主要风险。

（6）总体里程碑进度计划。

（7）总体预算。

（8）项目审批要求（用什么标准评价项目成功，由谁对项目成功下结论，由谁来签署项目结束）。

（9）委派的项目经理及其职责和职权。

（10）发起人或其他批准项目章程的人员的姓名和职权。

识别项目干系人是指识别能够影响项目决策、活动或结果的个人、群体或组织，以及被项目决策、活动或结果影响的个人、群体或组织，并分析记录他们相关信息的过程。

2. 计划过程组

计划过程组是指明确项目范围，优化目标，为实现目标制定行动方案的一组过程。例如，制定项目管理计划及各项管理子计划、收集需求、定义项目范围、制定工作分解结构（work breakdown structure，WBS）、定义项目活动和制定进度计划、制定预算、制定风险应对计划等。作为计划过程组的成果，项目管理计划和项目文件将对项目范围、时间、成本、质量、风险、沟通、人力资源等所有方面做出规定。项目管理计划是个总体计划，它还包含了一批专项子计划。

项目管理计划主要包括:

（1）项目范围管理计划。

（2）项目进度管理计划。

（3）项目成本管理计划。

（4）项目资源计划（人、材料、设备、信息、资金）等。

（5）项目质量管理计划。

（6）项目沟通管理计划。

（7）人员配备管理计划。

（8）项目采购管理计划。

（9）风险管理计划。

（10）变更控制、配置管理计划。

（11）过程改进计划。

计划过程组的各项工作形成的项目管理计划，在项目执行中可能出现变更，例如有关范围、技术、风险和成本等方面的变更，这些变更被批准后会引起项目管理计划的更新。只有更新后的项目管理计划才能够与变化后实际的范围、进度、成本和资源要求相匹配。

3. 执行过程组

执行过程组是指完成项目管理计划中确定的工作，以满足项目要求的一组过程。

项目执行过程要求项目管理者整合人员和其他资源，与项目团队成员一起开展项目管理计划确定的、项目范围说明书中明确的各项工作，并得到项目产品、服务或成果（统称可交付成果），如图 8.2.2 所示。

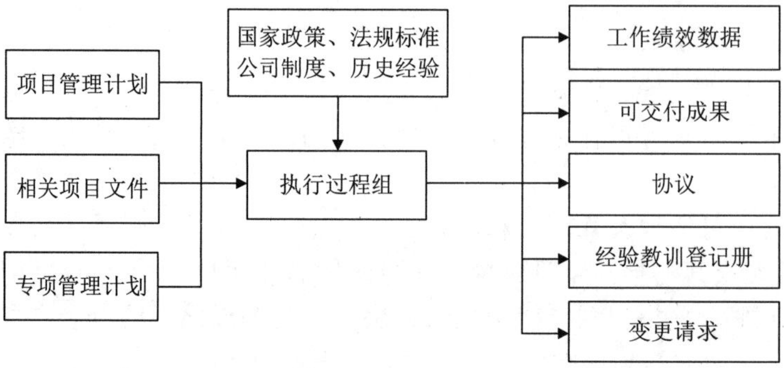

图 8.2.2 执行过程的成果

一般而言，执行过程组是项目中耗时最长、需要资源最多的过程组，对大多数行业的项目来讲，执行过程组会花掉多半的项目预算。

项目执行阶段的主要任务包含以下几个方面：

（1）针对出现的偏差，采取措施保证实际进度与计划保持一致。

（2）接受和评估来自相关人员的项目变更请求。

（3）必要时重新调整项目活动和资源水平。

（4）做好各类人员沟通，建设与管理团队，开展绩效考核与评估。

（5）对经授权者批准的各类变更，负责按变更措施的实施并调整项目范围、项目目标等各类计划，同时监控项目进展与质量符合程度，把控项目实施进程。

4. 监督与控制过程组

监督与控制过程组是指要求定期测量和监控进展、识别实际绩效与项目管理计划的偏差、必要时采取纠正措施，或管理变更以确保项目或阶段目标达成。

监督和控制过程组包括：

（1）对照项目管理计划来监控正在进行的项目活动。

（2）控制变更，推荐纠正措施，或者对可能出现的问题推荐预防措施。

（3）对引起整体变更控制的因素施加影响，使得只有经批准的变更才被实施。

如果项目是在给定的时间、成本和质量约束下完成的,那么就说项目是成功的，其中时间和成本有明确的数据衡量、容易度量，但项目质量则很少有人能明了项目背景下的质量是什么意思。作为判断项目是否成功的尺度，我们首先要清楚质量是指项目成果或产品满足项目目标要求、符合项目管理计划规定的标准，而不是一味地追求过高质量等级，因为盲目追求过高质量等级的话，往往会造成成本超支或工期延期。

5. 收尾过程组

收尾过程组是指正式验收产品、服务或工作成果，有序地完成或结束项目、项目阶段或合同执行的过程。

项目或阶段收尾时，需要进行以下工作：

（1）通过客户或发起人的验收，以正式结束项目或阶段。

（2）进行项目后评价或阶段结束评价。

（3）记录裁剪任何过程的影响。

（4）记录经验教训。

（5）对组织过程资产进行适当更新。

（6）将所有相关项目文件在项目管理信息系统中归档，以便作为历史数据使用。

（7）结束所有采购活动，确保所有相关协议的完结。

（8）对团队成员进行评估，释放项目资源。

小贴示

项目管理是集成的努力和活动，如果某一部分的活动失败，通常会影响其他部分的活动。活动交互的作用常常在项目目标之间取得平衡，一部分绩效的提高可能需要以牺牲另一部分绩效为代价。成功的项目管理需要主动地管理这些交互活动，以提高整个项目的绩效。

任务 8.3 实施项目管理

任务描述

完成项目管理基础知识的学习后，于老师又介绍了实施项目管理的方法和工具，引导同学们利用 Microsoft Project 创建“青春杯”体育赛事管理系统项目，包括创建管理项目，创建 WBS，制订项目进度计划，进行资源调配和进度、成本、质量控制。

任务目标

- 使用项目管理工具管理项目。
- 使用项目管理工具开展项目范围、成本、进度与质量管理。
- 掌握项目管理工具 Project 的使用，并用其管理项目。

任务实现

合理使用信息技术相关工具可以有效地提高项目管理效率和水平，常用的项目管理工具包括甘特图、WBS、PERT 图、思维导图、鱼骨图、日历、时间线、状态表等。很多项目管理软件都提供了这些工具，常用的项目管理软件有微软公司的 Microsoft Project、阿里巴巴旗下的 Teambition、ONES Project、Tower、Worktile 和 Teambition、Joywok、Trello 等，这里以 Microsoft Project 为例介绍利用项目管理软件进行项目管理的应用场景。

下面以“青春杯”体育赛事管理系统开发为例介绍 Microsoft Project 在项目管理过程中的主要应用。

8.3.1 创建管理项目

(1) 启动 Project，选择空白项目，如图 8.3.1 所示，则自动创建一个项目——项目 1，如图 8.3.2 所示。

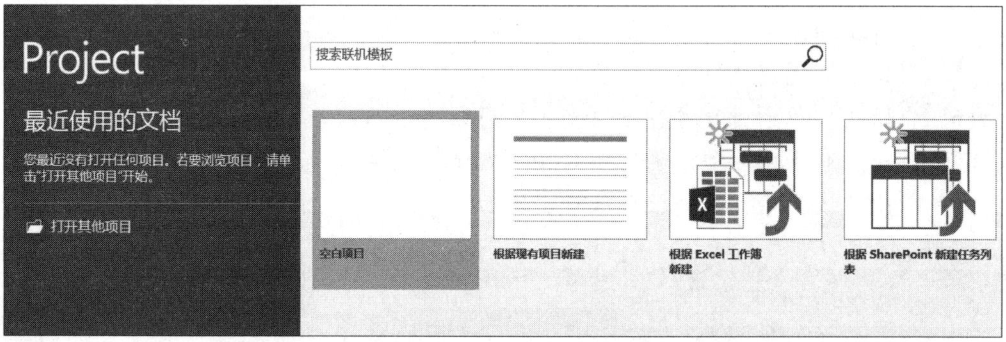

图 8.3.1 选择空白项目

图 8.3.2 创建项目 1

（2）选择"项目"菜单，再单击"属性"中的"项目信息"，此时出现"项目信息"界面，在其中可以定义项目的基本工期（开始时间和完成时间），如图 8.3.3 所示。

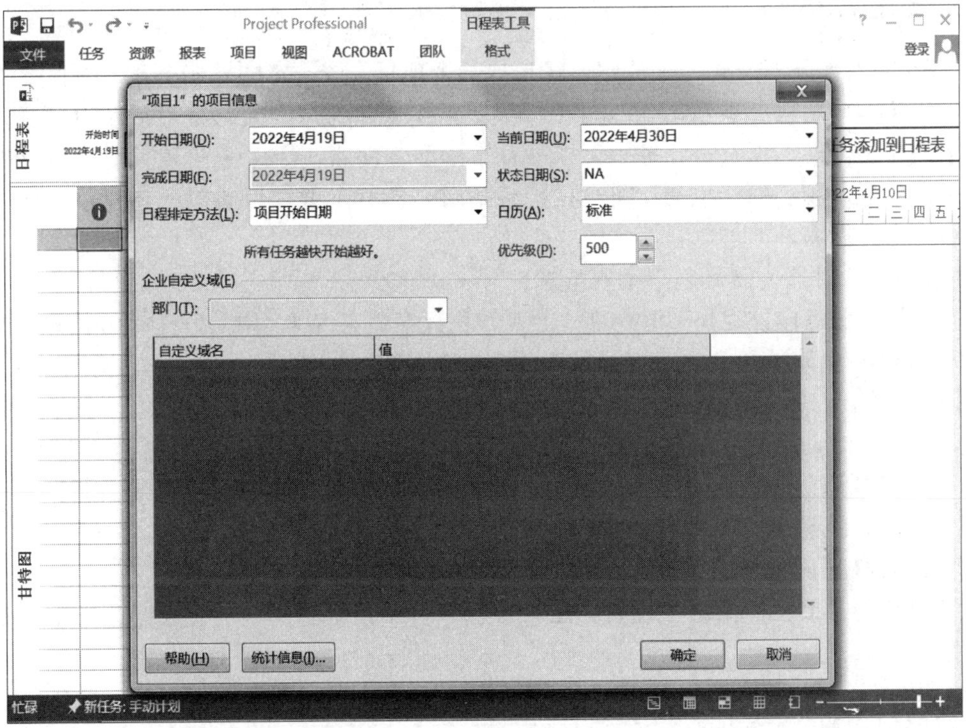

图 8.3.3 新建的项目信息

（3）然后可以在甘特图中设置项目计划，包括任务、任务工期、任务开始与完成时间等，如图 8.3.4 所示。

图 8.3.4 设置项目计划

8.3.2 创建 WBS

WBS 与因数分解是同一个原理，就是把一个项目，按一定的原则分解，项目分解成任务，任务再分解成一项项工作，再把一项项工作分配到每个人的日常活动中，直到分解不下去为止。即：项目→任务→工作→日常活动。创建 WBS 是将项目可交付成果和项目工作分解成较小的、更易于管理的组件的过程，其主要作用是对所要交付成果提供一个结构化的视图。

> **小贴示**
>
> 分解原则：
>
> （1）将主体目标逐步细化分解，最底层的日常活动可直接分派到个人去完成。
>
> （2）每个任务原则上要求分解到不能再细分为止（一般分配到一个人 1～2 周能完成）。
>
> （3）日常活动要对应到人、时间和资金投入。

创建 WBS 时需要满足以下基本要求：

（1）某项任务应该在 WBS 中的一个地方且只应该在 WBS 中的一个地方出现。

（2）WBS 中某项任务的内容是其下所有 WBS 项的总和。

（3）一个 WBS 项只能由一个人负责，即使许多人都可能在其上工作，也只能由一个人负责，其他人只能是参与者。

（4）WBS 必须是面向可交付成果的，所有工作皆围绕可交付成果展开。

（5）WBS 的编制需要所有（主要）项目相关人的参与，包括项目团队成员的参与。

（6）WBS 还应包括项目管理工作，也要包括分包出去的工作。

（7）WBS 必须在根据范围说明书正常维护项目工作内容的同时，也能适应无法避免的变更。

实践与体验

“青春杯”体育赛事管理系统工期要求是从 2022 年 9 月 8 日开始到 2023 年 1 月 12 日寒假前完成，共计 106 个工作日。若每天按 8 小时工时计算，则按项目开发过程分配的计划任务是：需求分析 20 个工作日，系统设计 38 个工作日，系统开发 20 个工作日，系统测试 21 个工作日，项目收尾 7 个工作日。按项目开发过程分解所生成的 WBS 如

图 8.3.5 所示。

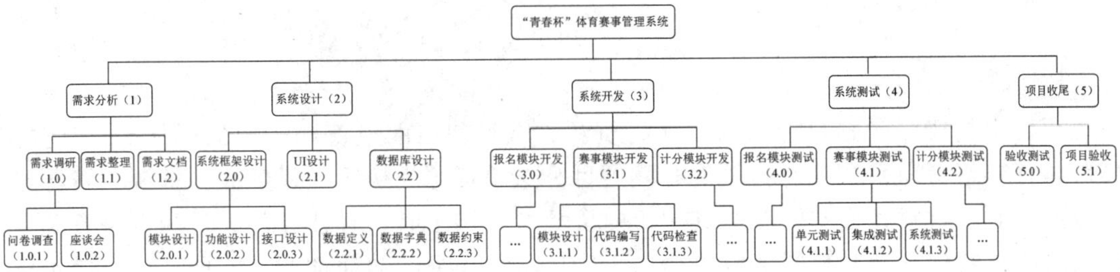

图 8.3.5　“青春杯”体育赛事管理系统项目 WBS

8.3.3　制订项目进度计划

“青春杯”体育赛事管理系统项目开发过程由需求分析、系统设计、系统开发、系统测试、项目收尾 5 个主要部分组成。根据软件项目开发流程，每个部分又细分为若干子任务。

需求分析：需求调研、需求整理与分析，需求文档编写。

系统设计：系统框架设计、UI 设计、数据库设计。

系统开发：报名模块开发、赛事模块开发、计分模块开发。

系统测试：报名模块测试、赛事模块测试、计分模块测试。

项目收尾：验收测试、培训、项目验收。

在三层结构下面，进一步细分出一系列第四层任务，确保每个任务在 80 小时内能够完成。其中 2022 年 10 月 5 日和 11 月 28 日、2023 年 1 月 3 日各设立一个里程碑，其工期为 0，是对在此时间段内取得合格工作成果的要求。

按照图 8.3.5 的 WBS 以及进度计划要求，生成的进度计划甘特图如图 8.3.6 所示。

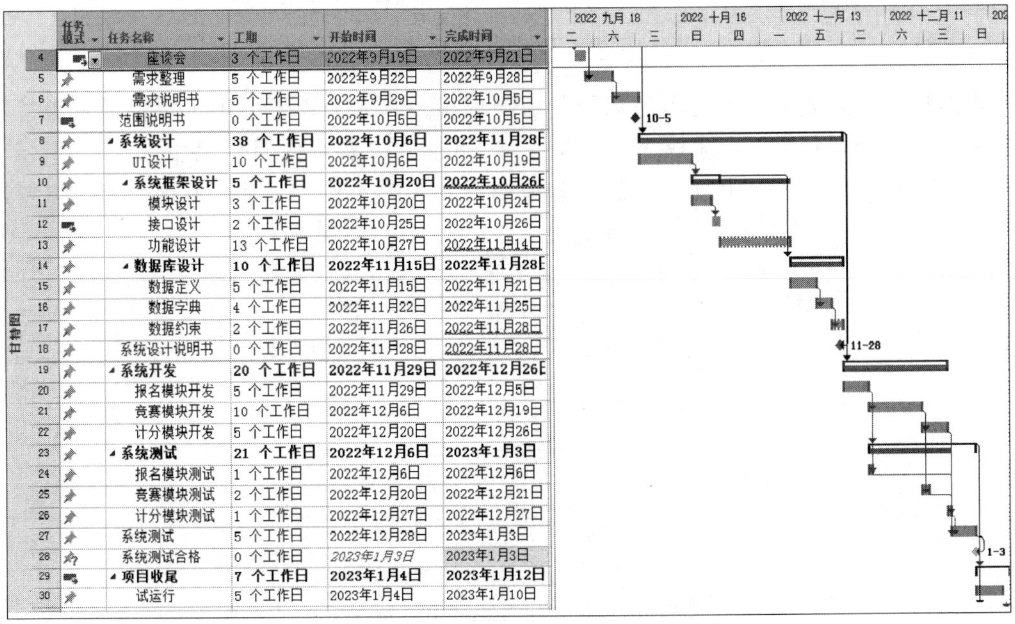

	任务模式	任务名称	工期	开始时间	完成时间
4		座谈会	3 个工作日	2022年9月19日	2022年9月21日
5		需求整理	5 个工作日	2022年9月22日	2022年9月28日
6		需求说明书	5 个工作日	2022年9月29日	2022年10月5日
7		范围说明书	0 个工作日	2022年10月5日	2022年10月5日
8		**系统设计**	**38 个工作日**	**2022年10月6日**	**2022年11月28**
9		UI设计	10 个工作日	2022年10月6日	2022年10月19日
10		**系统框架设计**	**5 个工作日**	**2022年10月20日**	**2022年10月26**
11		模块设计	3 个工作日	2022年10月20日	2022年10月24日
12		接口设计	2 个工作日	2022年10月25日	2022年10月26日
13		功能设计	13 个工作日	2022年10月27日	2022年11月14日
14		**数据库设计**	**10 个工作日**	**2022年11月15日**	**2022年11月28**
15		数据定义	5 个工作日	2022年11月15日	2022年11月21日
16		数据字典	4 个工作日	2022年11月22日	2022年11月25日
17		数据约束	2 个工作日	2022年11月26日	2022年11月28日
18		系统设计说明书	0 个工作日	2022年11月28日	2022年11月28日
19		**系统开发**	**20 个工作日**	**2022年11月29日**	**2022年12月26**
20		报名模块开发	5 个工作日	2022年11月29日	2022年12月5日
21		竞赛模块开发	10 个工作日	2022年12月6日	2022年12月19日
22		计分模块开发	5 个工作日	2022年12月20日	2022年12月26日
23		**系统测试**	**21 个工作日**	**2022年12月6日**	**2023年1月3日**
24		报名模块测试	1 个工作日	2022年12月6日	2022年12月6日
25		竞赛模块测试	2 个工作日	2022年12月20日	2022年12月21日
26		计分模块测试	1 个工作日	2022年12月27日	2022年12月27日
27		系统测试	5 个工作日	2022年12月28日	2023年1月3日
28		系统测试合格	0 个工作日	*2023年1月3日*	2023年1月3日
29		**项目收尾**	**7 个工作日**	**2023年1月4日**	**2023年1月12日**
30		试运行	5 个工作日	2023年1月4日	2023年1月10日

图 8.3.6　“青春杯”体育赛事管理系统项目甘特图

8.3.4 进行资源调配和进度、成本、质量控制

1. 资源调配

项目中的资源包括执行项目的人力资源、项目使用的设备和需要的耗材等。“青春杯”体育赛事管理系统项目为软件开发项目，主要资源为执行项目的人力资源。资源类型包括工时、材料和成本资源，其中工时资源指按照工时执行任务的人员和设备资源，即按时间付费的资源；材料资源是指用于完成项目任务的消耗性产品，即耗材；成本资源指项目的财务债务，包括差旅费、资产成本或其他固定任务成本等。这里我们仅考虑人力所消耗的工时资源。根据编制的项目计划，本项目中每天工时为 8 小时，每月工作日按 26 天计算，每月总工时为 8 小时 × 26=208 小时。

本项目中，需要项目经理、系统分析师、系统架构师、售前工程师、开发主管各 1 人，开发工程师 3 人、测试工程师 2 人。“青春杯”体育赛事管理系统资源工作表如图 8.3.7 所示。开发工程师最大单位 300%（3 小时 × 100%），即需要 3 位开发工程师，测试工程师最大单位 200%（2 小时 × 100%），即需要 2 位测试工程师，其他角色与岗位的最大单位含义类似。

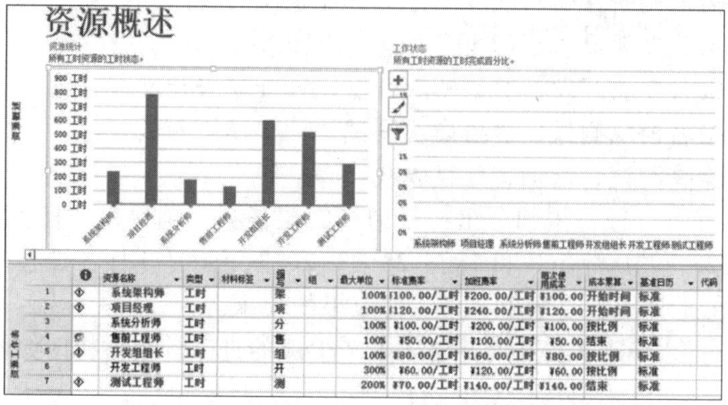

图 8.3.7 资源工作表

根据项目计划表中每项任务所需要的资源情况，将人力资源分配至项目计划表每项任务中。任务分配状况（含资源配置）如图 8.3.8 所示，资源使用状况如图 8.3.9 所示，资源调配甘特图如图 8.3.10 所示，过度分配的资源如图 8.3.11 所示，对这些资源需要进行平衡和优化。

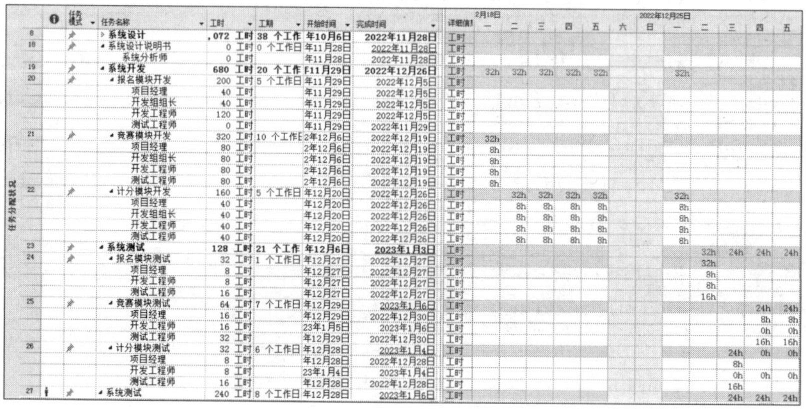

图 8.3.8 任务分配状况（含资源配置）

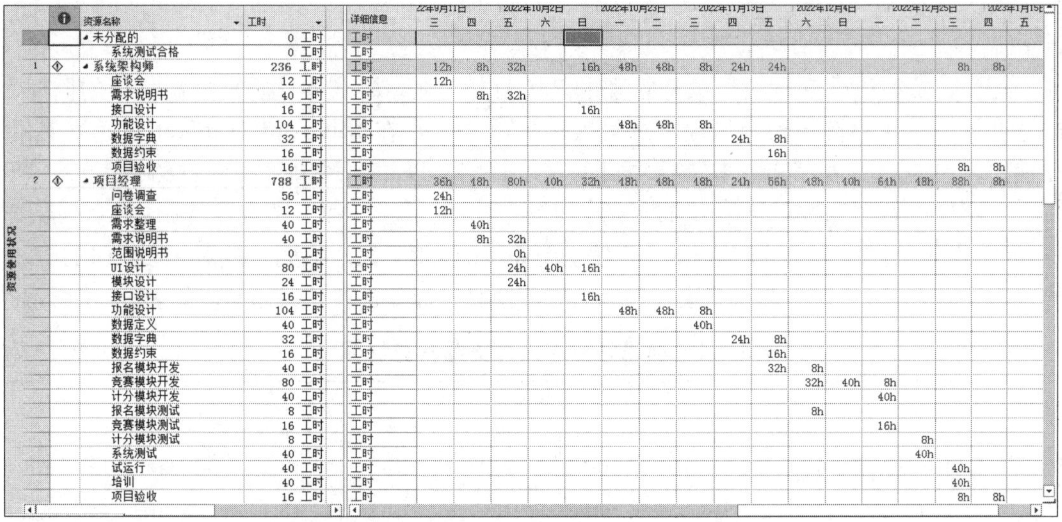

图 8.3.9　资源使用状况

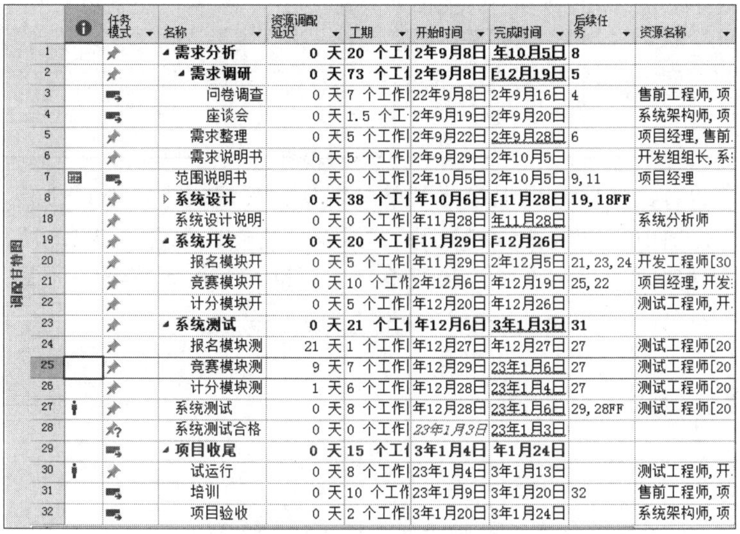

图 8.3.10　资源调配甘特图

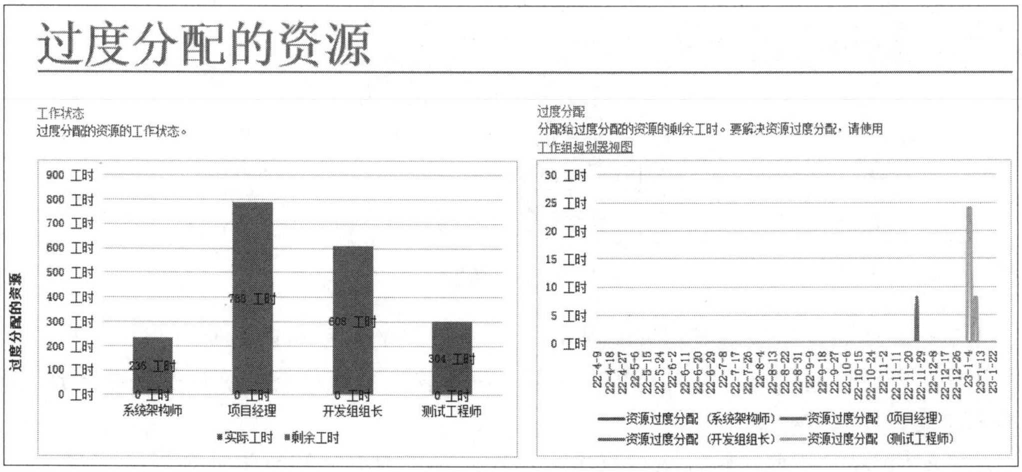

图 8.3.11　过度分配的资源

2. 进度、成本和质量控制

进度、成本和质量是项目风险管理的三大目标。在兼顾成本、质量控制目标的同时，按进度计划完成项目是整个风险管理最大的挑战之一。在 Microsoft Project 中通过使用甘特图、网络图和里程碑图来制定项目的进度计划，以达到风险管理的目的。

本项目成本核算按项目经理 120 元/工时・人，系统分析师、系统架构师各 100 元/工时・人、售前工程师 50 元/工时・人、开发主管 80 元/工时・人，开发工程师 60 元/工时・人、测试工程师 70 元/工时・人标准进行估算，加班按双倍标准进行核算，具体如表 8.3.1 所示。

表 8.3.1 项目干系人人力资源薪资估算 单位：元

序号	资源名称	类型	材料标签	缩写	组	最大单位	标准费率/工时	加班费率/工时	每次使用成本	成本累算	基准日历
1	系统架构师	工时		架		100%	100	200	100.00	开始时间	标准
2	项目经理	工时		项		100%	120	240	120.00	开始时间	标准
3	系统分析师	工时		分		100%	100	200	100.00	按比例	标准
4	售前工程师	工时		售		100%	50	0	50.00	结束	标准
5	开发主管	工时		组		100%	80	160	80.00	按比例	标准
6	开发工程师	工时		开		300%	60	120	60.00	按比例	标准
7	测试工程师	工时		测		200%	70	140	70.00	结束	标准

在甘特图右侧右击，此时出现快捷菜单可以查看关键任务、延迟任务、进度落后情况；在“报表”选项中也可以查看“资源”“成本”情况，如图 8.3.12 所示。对于其中出现的不正常情况需要进行重点关注和调整，如项目任务成本情况，如图 8.3.13 所示。

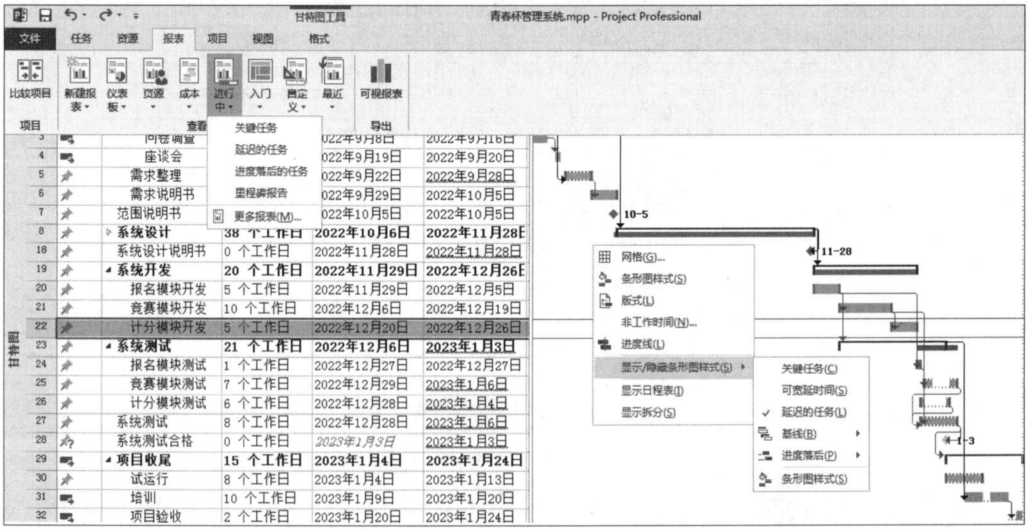

图 8.3.12 项目监控——资源、成本、进度

为了更好地进行风险识别和风险规避，在项目管理的过程中通常使用 PDCA 循环（又称戴明环）风险管理系统。所谓的 PDCA 循环风险管理系统将整个项目的管理分成了四个不断往复循环的过程。

（1）P（Plan）计划。制订出项目的成本计划、进度计划和质量计划。

（2）D（Do）实施。在成本计划、进度计划和质量计划的指导下进行项目的实施。

（3）C（Check）检查。一般采用里程碑式的阶段性检查，检查项目的实施现状在质量上、成本上和进度上与相关计划之间的偏差，同时分析偏差产生的原因。

（4）A（Action）纠正。纠正偏差，将项目的实施过程拉回计划的允许范围之内。

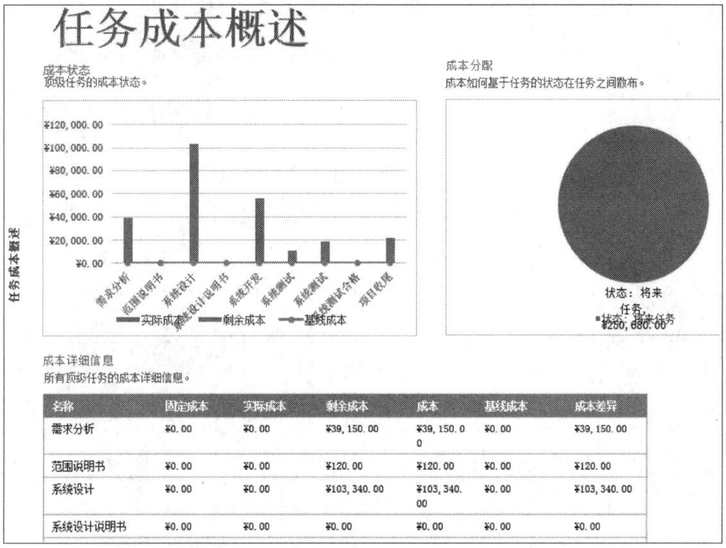

图 8.3.13　项目任务成本

小贴示

要做好项目的风险管理，首要条件是制定出符合项目实际状况的各种计划。但在项目计划的编制过程中，因为各种不确定因素的存在，导致各类风险问题的发生。在 Microsoft Project 中通过使用甘特图、网络图和里程碑图来制定项目的进度计划，对于项目执行中出现偏差、可能引发风险的不正常情况，Project 会以特别信息加以提示，以到达风险管理的目的。

单元小结

本单元包含项目管理基础知识和项目管理工具应用等内容。通过模拟案例，带领读者熟悉项目管理过程，掌握项目管理各过程组主要任务，学会使用相应工具进行分析。最后介绍了项目管理工具 Project 的使用。

课后习题

一．选择题

1. 项目目标是（　　）。

A. 项目的最终结果

B. 关于项目及其完成时间的描述

C. 关于项目的结果及其完成时间的描述

D. 任务描述

2. 项目特点中（　　）是指项目有明确起点和终点，项目目标实现了也就是项目结束的终点，若因某些原因（项目取消或终止），项目也结束了。

A. 特殊性　　B. 唯一性　　C. 临时性　　D. 渐进明细

3. 项目三要素是指时间、成本和（　　）。

A. 范围　　B. 质量　　C. 进度　　D. 风险

4. 项目的 4 个阶段是指（　　）、计划、执行和收尾。

A. 总结　　B. 监控　　C. 启动　　D. 建议

5. 项目工作分解结构的主要作用是对（　　）提供一个结构化的视图。

A. 要完成的任务　　B. 要实现的功能

C. 要达到的要求　　D. 要交付的成果

6. 项目管理计划是（　　）。

A. 一次性规划完成　　B. 初期粗略，逐步细化，反复滚动

C. 一开始就要具体到每个任务　　D. 不断调整，不断否定前期计划

7. 项目的质量要求是（　　）。

A. 满足建设方任何要求　　B. 只要实现功能即可

C. 达到合同规定标准　　D. 标准越高越好

8. 项目执行过程中的人员沟通，项目经理（　　）。

A. 只需要做好项目组成员的沟通

B. 只需要做好建设单位相关人员的沟通

C. 只需要注意与公司管理层的沟通

D. 与所有项目干系人做好沟通

9. WBS 最底层的组成部分，称为（　　）。

A. 工作包　　B. 交互成果　　C. 活动　　D. 子任务

10. 对于项目中的变更，按照（　　）。

A. 变更提出后立即批准

B. 变更申请人认定后执行变更

C. 变更提出后经评估，由项目管理委员会批准后执行

D. 项目经理批准。

二、填空题

1. 项目的 5 个过程分别是________、________、_______、_______、________。

2. 项目资源类型包括______、______和成本资源。

3. 戴明环 PDCA 环中的 C 与 5 个过程组的_______工作任务一致。

4. 项目收尾是在所有________都已经完成并且_________已经实现才可进行。

5. 对于项目过度分配的资源，需要通过______来进行优化。

9 单元 机器人流程自动化

单元导读

当我们谈到机器人，相信大家首先想到的是制造工厂生产线上部署的各种形式的机器人，包括汽车生产线、家电生产线、手机生产线等。这类机器人已经逐步替代了原有手工操作的工人，无人工厂已经成为普遍现实，相关的机器人技术已经成为制造业转型的核心技术力量。

而对于服务型企业，比如银行、证券、保险、电信、电力等，其服务输出主要依赖工作信息系统完成业务输出，其"生产线"就是信息系统，如同制造行业一样，该"生产线"上是否也如制造业一样出现机器人？答案是显而易见的，机器人流程自动化（robotic process automation，RPA）就可以解决这个问题。RPA是一个生产线上的机器人，一个无形的"软件机器人"，它可以比人类更快、更准确地执行日常企业运营中耗时、枯燥的任务，让企业员工更加集中精力于创造性的高价值工作上。

任务 9.1 认识机器人

任务描述

小艾同学求学在外地，想给父母在家里买一个家庭机器人，方便父母生活。于是他从机器人的概念理解开始，进入了机器人的学习历程。

任务目标

- 了解机器人的演变。
- 理解机器人的概念。
- 认识机器人的应用场景。

任务实现

9.1.1 机器人的演变

1. 早期的机器人

人们对机器人的幻想与追求已有3000多年的历史。“机器人”最早是以自动机械装置或自动人偶的形式出现的。人类记载的最早的机械装置是机器人指南车（图 9.1.1）。记里鼓车、木牛流马和木构水运仪象台也可以算是中国历史上的早期机器人。

图 9.1.1 机器人指南车

2. 近代的机器人

近代机器人的研究始于 20 世纪中期，先后出现了三代机器人。

第一代机器人：“示教再现”型机器人。第一代机器人只具有记忆、存储能力，能按照相应程序重复作业，但对周围环境基本没有感知与反馈控制能力。例如，汽车的点焊机器人，只要把这个点焊的过程示教完以后，它总是重复这个工作。

第二代机器人：感知型机器人。第二代机器人按照事先编好的程序工作，能够获得作业环境和作业对象的部分有关信息，并进行一定的实时处理。例如，扫地机器人可以凭借一定的人工智能，制定合理的路线，完成清洁工作。

第三代机器人：智能机器人。它具有更完善的环境感知能力，而且具有逻辑思维、判断和决策能力，可根据作业要求与环境信息自主地进行工作。例如，本田公司的服务型机器人 ASIMO，能够流畅地行走、奔跑、上下楼梯、搬运饮料并和人类进行简单的对话。

9.1.2 机器人的概念

1. 机器人定义

机器人是一种能够通过编程和自动控制来执行诸如作业或移动等任务的机器。机器人既可以接受人类指挥，又可以运行预先编排的程序，也可以根据以人工智能技术制定的原则纲领行动。它的任务是协助或取代人类的工作，在工业、医学、农业、服务业、建筑业甚至军事等领域均有重要用途。

2. 机器人组成

机器人一般由机械本体、控制系统和传感器三大部分组成。

（1）机械本体是机器人赖以完成作业任务的执行机构，一般是一台机械手，可以在确定的环境中执行控制系统指定的操作。

（2）控制系统部分是机器人的指挥中枢，相当于人的大脑功能，负责对作业指令信息、内外环境信息进行处理，并依据预定的本体模型、环境模型和控制程序做出决策，产生相应的控制信号，通过驱动器驱动执行机构的各个关节按所需的顺序、沿确定的位置或轨迹运动，完成特定的作业。

（3）传感器是机器人的感测系统，相当于人的感觉器官，是机器人系统的重要组成部分。常见的传感器有力觉传感器、触觉传感器、接近觉传感器、视觉传感器等。

3. 机器人学三大定律

1942 年，美国科幻巨匠阿西莫夫在他的科幻小说中提出“机器人学三大定律”。

（1）第一定律：机器人不得伤害人类个体，或者目睹人类个体将遭受危险而袖手不管。

（2）第二定律：机器人应遵守人类的命令，与第一条违背的命令除外。

（3）第三定律：机器人应能保护自己，与前两条相抵触者除外。

三大定律是给机器人赋予的伦理性纲领。机器人学术界一直将此作为机器人开发的准则。

9.1.3 机器人的应用

1. 工业机器人

工业机器人（图 9.1.2）是广泛用于工业领域的多关节机械手或自由度的机器装置，具有一定的自动性，可依靠自身的动力能源和控制能力实现各种工业加工制造功能。

2. 医用机器人

医用机器人（图 9.1.3）是指用于医院、诊所的医疗或辅助医疗的机器人，具有以下特点：

（1）不能发生错误动作。

（2）非专业人员也可以正确使用。

（3）对医生提供有效的帮助。

（4）可以直接与人接触。

图 9.1.2 工业机器人

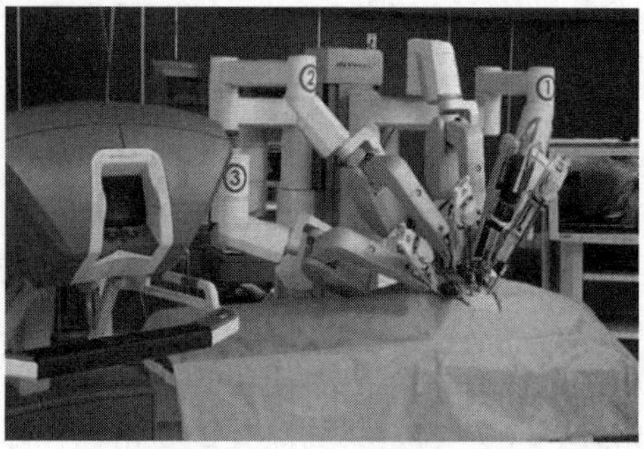

图 9.1.3 医用机器人

3. 军用机器人

军用机器人（图 9.1.4）是一种用于军事领域的具有某种仿人功能的自动机。从物资运输到搜寻勘探以及实战进攻，军用机器人的使用范围广泛。

4. 家庭机器人

家庭机器人是为人类服务的特种机器人，主要从事家庭服务，维护、保养、修理、运输、清洗、监护等工作，种类可分为扫地机器人（图 9.1.5）、娱乐机器人、厨师机器人、搬运机器人、电器机器人等。

图 9.1.4 军用机器人

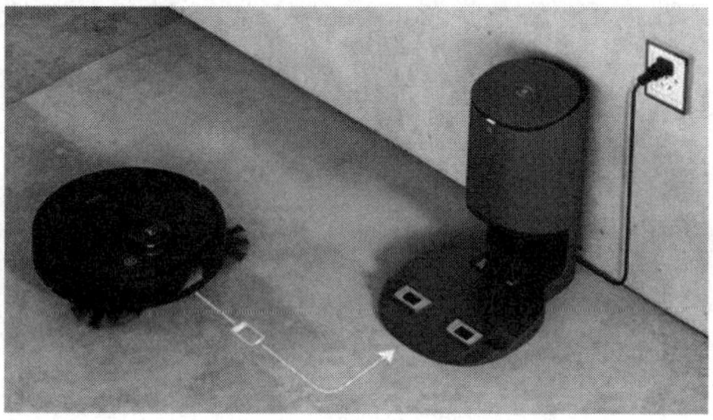

图 9.1.5 扫地机器人

实践与体验

观察扫地机器人

小艾经过对于机器人知识的学习，决定给父母买一个扫地机器人。作为小艾的同学，请你协助他在网上检索扫地机器人的各种品牌，从相关的扫地机器人中选择一款，并陈述选择的理由和这个机器人的智能程度。如果你家里有扫地机器人，请用视频记录扫地机器人的工作，注意看看扫地机器人能否清理房间死角，躲避障碍物，自动探索整个房间。

任务 9.2 熟悉机器人流程自动化

任务描述

小王在一家保险公司工作，每天需要处理大量烦琐的办公室事务，如承保处理、索赔处理、客户运营、财务税务等。这些工作每时每刻都高度紧张，还容易出错。有一天，公司主管告诉他一个好消息，公司将部署 RPA，他以后再也不用那么紧张忙碌了。

任务分析

- 了解 RPA 的定义和应用。
- 熟悉部署 RPA 流程。

任务实现

9.2.1 RPA 的定义

RPA 系统是一种应用程序，它通过模仿最终用户在计算机的手动操作方式，提供了另一种方式来使最终用户手动操作流程自动化。中文翻译为机器人流程自动化，也可翻译成软件机器人。它可以理解为一种智能化软件，通过模拟并增强人类与计算机的交互过程，实现工作流程中的自动化。

RPA 具有对企业现有系统影响小、基本不编码、实施周期短、对非技术的业务人员友好等特性。RPA 不仅可以模拟人类，而且可以利用和融合现有各项技术（如规则引擎、光学字符识别、语音识别、机器学习及人工智能等）来实现其流程自动化的目标。

RPA 是流程自动化机器人，如果是机器“人”，就应该有眼睛、有耳朵、有嘴巴、有手、有脑袋。利用人工智能领域目前相对成熟的技术，RPA 机器人就具有了类似于人的这些功能：

（1）眼睛，利用光学字符识别（optical character recognition，OCR）、图像识别、语义识别等技术，RPA 机器人可以“阅读”打印和手写的文字，实现发票识别，身份证识别、银行卡识别等功能。

（2）耳朵，利用语音识别技术，RPA 机器人可以“听懂”人类对话，结合语义识别技术就可以实现会议记录（文字）、实时翻译等功能。

（3）嘴巴，利用语音合成技术，RPA 机器人可以“说话”，结合语音识别和语义识别技术就可以实现智能导游、智能导购等功能。

（4）手脚，利用机器手臂、自动驾驶等技术，RPA 机器人可以“行动”，结合机器学习等技术就可以实现无人驾驶、无人物流、无人工厂等。

（5）脑袋，利用统计分析、机器学习等人工智能技术，RPA 机器人就真正具有了智能，可以像人一样“思考、学习和决策”。

讨论与交流

我们在超市购物，可以选择人脸识别付款，这里的人脸识别用到的是 RPA 里哪个类似于人的功能呢？

9.2.2 RPA 的优势

1. 节省人力成本和时间

使用 RPA 进行工作的好处之一就是节省人力成本和时间。对于那些逻辑清晰、大批量的、重复作业的业务流程，或者业务流程中的一小段业务环节或者动作，都可尝试用 RPA 机器人替代人工。

2. 减少错误

有些流程其实不是什么复杂流程，但是因为涉及太多的人工操作，就很容易发生人为的错误，这时候通过引入 RPA 就可以获得更好的数据保障。

3. 提高客户满意度

有些流程直接面对客户，如果人工的错误会令客户有不好的体验，同时质疑公司的专业度。因此这样的关键流程也可以考虑引入 RPA 避免数据失误，提高客户的满意度。

4. 提高敏捷性

对于那些对速度和时效性有高要求的流程都可以考虑引入 RPA，对于正向推动业务价值链是非常重要的。

5. 及时响应业务需求

数字化劳动力有一个非常明显的优势就是可以 24 小时值守处理业务需求，也就是说 24×7 都能及时响应业务需求。

9.2.3 RPA 的应用场景

1. 会计行业场景

会计行业需要大量的复制和粘贴数据、填写表格、从文档中提取结构化和半结构化数据等工作，RPA 可以减少会计人员在这些低价值工作上的消耗，专注于更高价值的业务功能上，从而可以提高公司的整体生产力。

2. 金融行业场景

银行庞杂的中后台流程和相互之间很难互通的遗留系统，造成大量系统与系统、数据与数据之间必须通过人工协调的情形。这些高流量的、重复的、趋于风险和失误的流程是 RPA 的应用首选。

3. 电商行业场景

退/换货是零售行业中使用频率较高的一个业务流程，尤其是在电商企业中，退换货的时效性直接影响客户体验。如果采用人工退换货流程，不仅费时费力，还可能无法满足用户的时效性需求。RPA 会从系统中提取客户的退/换货请求，并将理由进行数据分析，然后把退/换货理由进行分类存储在不同的表格中。根据管理人员预先设定好的退货规则，RPA 自动判断是否符合退/换货规则；符合规则，立刻执行退/换货流程；不符合规则，RPA 进行数据记录然后转人工服务。RPA 机器人将详细退/换货流程录入系统，然后在规定时间内通知工作人员完成整个退/换货流程。

4. 物流行业场景

在物流行业，RPA 适合重复的工作流程，如创建装运订单，将文档中的信息重新输入数据库、下载报告以及将有价值的信息输入客户关系管理（customer relationship management，CRM）或企业资源计划（enterprise resource planning，ERP）系统。

5. 运维行业场景

PRA 的应用可以帮助运维行业在极低的影响下保证服务器的正常运行。RPA 可以同时处理数十种各式各样的任务，并且以超精确的准确率完成，从而防止频繁停止服务器与重新启动服务器。

6. 人力资源管理行业场景

当公司拥有大量员工时，工资核对和发放是一项烦冗的工作，大多数工资核算流程都涉及大量数据输入且本质上具有高度重复性。

RPA 通过与 ERP 系统中的数据核对，来验证工资系统员工数据的一致性。薪资、福利管理、奖励和报销、福利发票核对都可以由机器人自动跟踪和生成，实现“薪酬自动化”，以提高准确性并缩短处理时间。

讨论与交流

根据你对 RPA 的了解，说一说生活中有哪些场景是可以使用 RPA 的？

实践与体验

体验 RPA

2021 年 12 月，来也科技的来也 UiBot 产品，开放了几个重要组成部分的社区版免费试用，让广大企业、个人用户都能够全方位体验 RPA 产品，同学们来体验一下吧。

第一步：登录 https://wulai.laiye.com/login?tab=register 并注册，如图 9.2.1 所示。

第二步：选择感兴趣的机器人模块，并体验，如图 9.2.2 所示。

第三步：选择“微信群规机器人”进行设置，如图 9.2.3 所示。如果有不明白的，可以观看讲解视频。

图 9.2.1 注册界面

图 9.2.2 选择机器人

图 9.2.3 设置群规机器人

单元小结

本单元通过两个任务，分别对机器人和 RPA 进行了介绍。任务 9.1 介绍了机器人的演变、概念和应用，任务 9.2 介绍了 RPA 的定义、优势和应用场景。

课后习题

一、选择题

1. 人类记载的最早的机器人是（　　）。
   A. 指南车　B. 机器人指南车　C. 木牛流马　D. 记里鼓车
2. 智能机器人属于第（　　）代机器人。
   A. 一　B. 二　C. 三　D. 四
3.以下不是机器人常见驱动方式的是（　　）。
   A. 液压驱动　B. 气压驱动　C. 电力驱动　D. 手动驱动
4. 以下不是机器人常见传感器的是（　　）。
   A. 力觉传感器　B. 视觉传感器　C. 触觉传感器　D. 感觉传感器
5. 以下不属于 RPA 优点的是（　　）。
   A. RPA 帮助实现基于规则的重复性数字流程的自动化
   B. RPA 提供了实时的预定合规流程和准确的审核
   C. RPA 可以自我判断并执行命令
   D. RPA 提供实时可见性，以查找流程中的错误/缺陷

二、填空题

1. 机器人一般由__________部分、__________部分和__________部分组成。
2. 机器人是一种能够通过________________来执行诸如作业或移动等任务的机器。
3. RPA 中文翻译为________________，也可翻译成软件机器人。

三、简答题

1. 近代机器人发展经过哪三个时代？
2. 举例说明 RPA 的应用场景。

学习笔记

10 单元 程序设计基础

单元导读

语言是人类进行沟通交流的表达方式。两个人之间进行沟通与信息交换，必须彼此能听懂对方的语言。计算机程序设计语言是人与计算机沟通的桥梁，通过程序设计语言，可以让人与计算机之间传递信息，计算机能"读懂"，专业人士也能"读懂"。人们可通过计算机程序设计语言指挥计算机完成某种特定的操作。

计算机上的 Windows 操作系统、QQ、微信、WPS、游戏、支付宝、各类网站、手机 App、家电设备的控制单元等都是计算机程序设计语言的杰作，它们都是由专业人士通过各种计算机程序设计语言编写程序实现的。

时至今日，人们的生活中无时无刻不在使用计算机程序，学习计算机程序设计语言是让计算机为人们所用的必由之路。

任务 10.1 认识程序设计语言

任务描述

作为大一新生的小明同学想在大学里学习一门程序设计语言，一方面可以提高自己的逻辑思维能力，另一方面掌握一门主流的程序设计语言也能为毕业后找工作带来一定的优势。但到底选择什么语言呢？先去了解一下程序设计语言的发展史吧。

任务目标

- 了解程序设计语言的发展史。
- 通过计算机语言发展史，掌握程序设计语言的三大类型。

任务实现

程序设计语言是用来定义计算机程序的形式语言，用来向计算机发出指令。计算机程序设计语言数量众多，每年都会产生大量新的程序设计语言。计算机程序设计语言经历了从机器语言、汇编语言到高级语言的历程。

1. 第一代：机器语言

机器语言是用二进制代码（用 0 和 1 表示，满 2 进 1 的代码语言）表示的计算机能直接识别和执行的一种机器指令的集合。机器语言具有灵活、直接执行和速度快等特点。对于不同型号的计算机，其机器语言是不相通的，按照一种计算机的机器指令编制的程序不能在另一种计算机上执行。从使用的角度看，机器语言是最低级的语言。

电子计算机之父冯•诺依曼于 1946 年提出了存储程序原理，同年第一台通用电子计算机 ENIAC 问世。第一台按照冯•诺依曼原理制成的通用自动计算机是 1951 年美国雷明顿兰德公司的 UNIVAC-1，该计算机被美国人口普查部门用于人口普查，标志着计算机进入了商业应用时代。也就是这个时候，越来越多的人参与到机器语言的程序设计中来，使用机器语言编写指令，如图 10.1.1 所示。对于程序设计人员来说，机器语言不便于记忆和识别。

2. 第二代：汇编语言

人们很早就认识到这样一个事实，尽管对于计算机来说机器语言简单易懂且执行速度快，但是对于程序设计人员来说，机器语言单调的数字极易出错，记住由 0 和 1 组成的指令简直就是煎熬。这迫使苦不堪言的程序设计人员们想出了一种新的程序设计语言——汇编语言。在汇编语言中，用助记符代替机器指令的操作码，用地址符代替操作数的地址，将不易理解和记忆的机器语言指令按照一一对应关系转换成汇编语言指令。使用汇编语言编写指令，如图 10.1.2 所示。

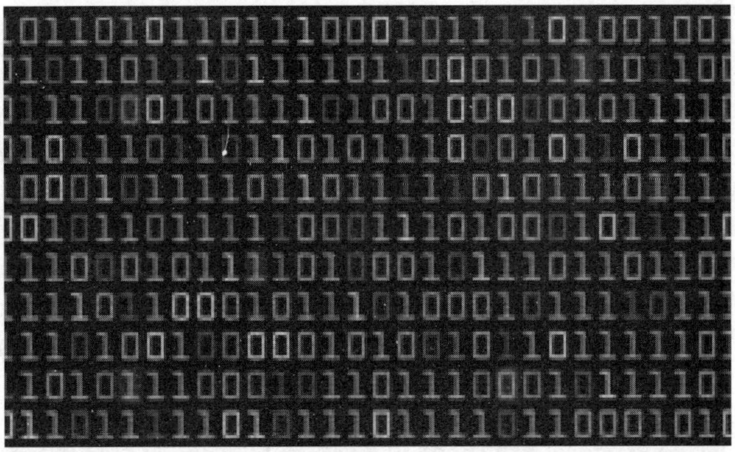

图 10.1.1　使用机器语言编写指令

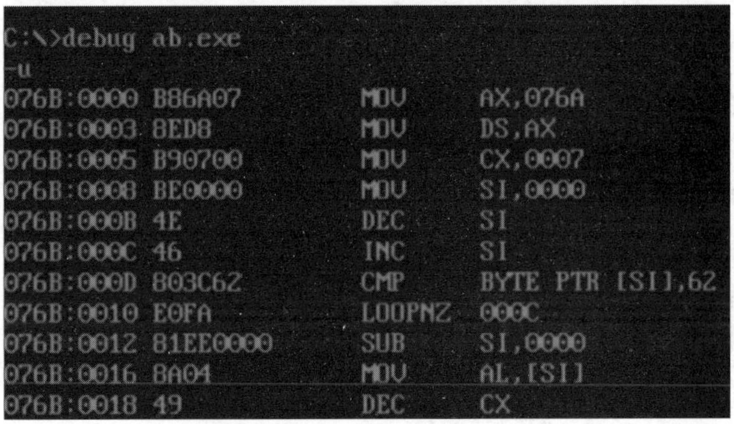

图 10.1.2　使用汇编语言编写指令

汇编语言比机器语言便于阅读和理解，汇编器可以把写好的汇编语言程序翻译成机器语言程序，从而实现与计算机的沟通，因此像这样符号化的汇编语言也被称为符号语言。汇编语言的出现开启了机器语言向人类自然语言方向迈进的第一步。

3. 第三代：高级语言

由于通过汇编语言编写的程序过多地依赖硬件体系，程序的可移植性差，针对某一类型计算机编写的程序只能在该类型的计算机上运行，限制了程序的推广，人们急需设计一种不依赖于计算机硬件就能够在不同机器上运行的程序，这样可以免去很多程序设计的重复过程，提高工作效率，同时这种语言更贴近人类使用的语言，易于理解、记忆和使用。为此，更加简洁明了的高级语言相继出现。

1954 年，第一种完全意义的高级语言 FORTRAN 问世了，它完全脱离了特定机器的局限性。从 FORTRAN 问世至今，共有几百种高级语言出现，很多语言成为程序语言发展道路上的里程碑，其中典型的代表有 C、C++、Visual Basic、Java、C#、Python 等。

由于高级语言与计算机的架构、指令集无关，因此具有良好的可移植性。高级语言应用非常广泛，世界上大多数程序设计人员都在使用高级语言进行程序开发。使用高级语言（以 Python 为例）编写程序的界面如图 10.1.3 所示。

```python
import cv2
import numpy as np
img = cv2.imread('4.jpg')
cv2.imshow('src',img)
rows,cols,w = img.shape
M = np.float32([[1,0,100],[0,1,50]])
dst = cv2.warpAffine(img,M,(cols,rows))
cv2.imshow('img',dst)
cv2.waitKey(0)
cv2.destroyAllWindows()
```

图 10.1.3 使用 Python 编写程序界面

> **讨论与交流**
>
> 机器语言为什么使用的是二进制，而不是我们熟悉的十进制？

任务 10.2 主流程序设计语言

任务描述

小明同学从程序设计语言的发展史中了解了程序设计语言的三大类型，特别是当下最流行的高级语言引起了他极大的学习兴趣。但是高级语言的种类繁多，到底选择哪种高级语言呢？看来需要对主流高级语言中流行程度最高的几种先做了解，再做最后决定。

任务目标

- 了解主流的高级程序设计语言。
- 通过详细的分类讲解，熟悉包括 Python、C、Java、C++、C#和 Visual Basic 等主流的高级程序设计语言的特点及适用场景。

任务实现

如果你想要知道哪种程序设计语言当下最热门，不妨通过访问 Tiobe 编程社区（https://www.Tiobe.com/）公布的“编程语言排行榜”的榜单数据来了解一下。

Tiobe 编程社区指数是编程语言受欢迎程度的指标，指数每月更新一次。评级基于全球熟练的工程师、课程和第三方供应商的数量而定，其中 Google（谷歌）、Bing（必应）、Yahoo!（雅虎）、Wikipedia（维基百科）、Amazon（亚马逊）、YouTube 和 Baidu（百度）等流行的搜索引擎也被用于计算评分。图 10.2.1 所示为 2022 年 3 月最主流程序设计语言排名。

Mar 2022	Mar 2021	Change	Programming Language	Ratings	Change
1	3	↑	Python	14.26%	+3.95%
2	1	↓	C	13.06%	-2.27%
3	2	↓	Java	11.19%	+0.74%
4	4		C++	8.66%	+2.14%
5	5		C#	5.92%	+0.95%
6	6		Visual Basic	5.77%	+0.91%
7	7		JavaScript	2.09%	-0.03%
8	8		PHP	1.92%	-0.15%
9	9		Assembly language	1.90%	-0.07%
10	10		SQL	1.85%	-0.02%

图 10.2.1　2022 年 3 月最主流程序设计语言排名（前十名）

接下来，我们结合 Tiobe 编程社区指数提供的数据，介绍当前排在前六位的设计语言。

1. C

C 语言是面向过程的、抽象化的通用程序设计语言，广泛应用于底层开发（指系统的后台和网络的基端，也可以理解成最接近于硬件的开发）。1972 年 C 语言由丹尼斯·里奇（Dennis Ritchie）在美国的 AT&T 贝尔实验室以 B 语言为基础研发而来。

C 语言之父 Dennis Ritchie

C 语言描述问题比汇编语言迅速、工作量小、可读性好、易于调试、修改和移植，且代码质量与汇编语言相当。当前阶段，在编程领域中，C 语言的运用非常之多，它兼顾了高级语言和汇编语言的优点，相较于其他编程语言具有较大优势。

C 语言的应用领域分两大块：系统软件开发和应用软件开发。对于系统软件，我们熟悉的 UNIX、Windows、Linux 操作系统，各种硬件的驱动程序以及 SQL Server、Oracle、MySQL、DB2 等数据库都是用 C 语言开发的。应用软件中的 WPS、Photoshop、各种嵌入式系统以及各种 2D 和 3D 游戏等开发工作中也常常见到 C 的身影。

2. C++

C++（读作 C Plus Plus）是一种计算机高级程序设计语言，由 C 语言扩展升级而产生，最早于 1979 年由丹麦人本贾尼·斯特劳斯特卢普（Bjarne Stroustrup）在美国的 AT&T 贝尔实验室研发。

C++之父 Bjarne Stroustrup

C++与 C 语言完全兼容，C 语言的绝大部分内容可以直接用于 C++的程序设计，用 C 语言编写的程序可以不加修改地用于 C++，但它们又有本质上的不同，C++是一种成熟的面向对象程序设计语言。

从目前的市场看，C++作为一直以来颇受欢迎的程序设计语言之一，虽然已经建立了成熟的生态系统，但由于入门相对较难、门槛较高，对于初级程序员来讲难度偏大。不过，由于 C++开发工程师在行业内的薪资依然较高，而且在客户端架构方面以及在游戏领域有其独特的优势，特别是对性能要求比较高的项目 C++是不错的选择，在编程领域还是稳稳地占据着一席之地。

3. Visual Basic

VB 之父 Alan Cooper

Visual Basic（简称 VB）是 Microsoft 公司开发的一种通用的基于对象的程序设计语言，具有结构化、模块化、面向对象的特点，是一种可用于微软自家产品开发的语言。许多专家把 VB 的出现当作软件开发史上的一个具有划时代意义的事件。最初的设计是由阿兰·库珀（Alan Cooper）完成的，特别是对 Windows 可视化设计工具的创意，使得他也被称作“交互设计之父”。

虽然从 Visual Basic1.0 Windows 版本问世到现在已有 30 多年的历史，但通过 2022 年 3 月 Tiobe 发布的数据仍旧可以清晰地看到，Visual Basic 编程语言近 3 年的受欢迎程度指标不断攀升，Visual Basic 未来可期。

4. Java

Java 之父 James Gosling

Java 是爪哇岛一种咖啡的品种名称，所以 Java 语言的标识就是一杯热气腾腾的咖啡。Java 由任职于太阳微系统（Sun Microsystems）公司的詹姆斯·高斯林（James Gosling）和同事开发。

Java 语言是一种简单、面向对象、分布式、解释性、健壮、跨平台、可移植、高性能、多线程和静态的通用程序设计语言。Java 编程语言的风格十分接近 C++语言。Java 继承了 C++语言面向对象技术的核心，摒弃了 C++中很多难以理解的概念，这使得 Java 兼具简单和强大的特性。

Java 的应用非常广泛，在桌面应用系统开发、嵌入式系统开发、电子商务系统开发、企业级应用开发、交互式系统开发、多媒体系统开发、分布式系统开发、Web 应用系统开发等都能见到 Java 的身影。

5. C#

C#之父 Anders Hejlsberg

C#（读作 C Sharp）是微软公司发布的一种新的由 C 和 C++衍生出来的、安全的、稳定的、简单的、优雅的面向对象的编程语言，它在继承 C 和 C++强大功能的同时去掉了它们的一些复杂特性。C#综合了 VB 简单的可视化操作和 C++的高运行效率，以其强大的操作能力、优雅的语法风格、创新的语言特性和便捷的面向组件编程的支持成为.NET 开发的首选语言。C#主要由丹麦计算机科学家安德斯·海尔斯伯格（Anders Hejlsberg）主持开发，它是第一个面向组件的编程语言，其源码会编译成微软中间语言 MSIL（相当于汇编语言）再运行。

由于 C#和 Java 都是由 C++发展而来的，因此 C#和 Java 的语法极其接近。但是 C#与 Java 也有着明显的不同，前者基于微软公司的.NET Framework 使得 C++程序员可以高效地开发 C#应用程序，可直接调用由 C/C++编写的本机原生函数所具有的强大功能。因此熟悉 C/C++语言的开发者可以很快地转向 C#编写出各种应用程序。

6. Python

Python 之父 Guido van Rossum

Python 是一种跨平台、解释型、开源、面向对象的高级程序设计语言，由荷兰数学家吉多·范罗苏姆（Guido van Rossum）编写。之所以选用 Python（原意：大蟒蛇）作为名字，是因为 Guido 本人是英国 20 世纪 70 年代首播的电视喜剧《蒙提·派森的飞行马戏团》(Monty Python's Flying Circus）的忠实粉丝。

Python 语言是开源项目的优秀代表，其解释器的全部代码都是开源的，可以在 Python 语言的主网站（https:/www.python.org/）自由下载。Python 软件基金会（Python Software Foundation，PSF）作为一个非营利组织，拥有 Python 2.1 版本之后所有版本的版权，该组织致力于更好地推进并保护 Python 语言的开放性。

Python 简单易学、功能强大，注重如何解决问题而不是程序设计语言的语法和结构。Python 简洁的语法和对动态输入的支持，以及解释性语言的本质，使其特别适用于快速的应用程序开发。因此 Python 程序看上去总是简单易懂，初学者学 Python，不但入门容易，而且深入下去，同样可以编写那些功能复杂的程序。目前，国内外很多高校的计算机课程都采用 Python 作为入门语言。

2021 年底，Tiobe 编程社区指数将 Python 评选为年度最受欢迎的编程语言。此前，Python 分别在 2007 年、2010 年、2018 年、2020 年获得过年度最受欢迎编程语言的称号，如今再次一举超越 C、Java、JavaScript 拿下这个奖项，成为有史以来所有编程语言中囊括该奖项最多的语言。

实践与体验

（1）登录 Tiobe 编程社区指数版块（https://www.tiobe.com/tiobe-index/），查看本月编程语言受欢迎程度的排名情况。

（2）单击页面中你最感兴趣的编程语言的名称并查看该编程语言受欢迎程度变化的时间曲线图。

讨论与交流

同学们已经了解了当下流行的 6 种编程语言，能否课后结合网络检索出来的相关资料，谈谈这些语言的发展脉络与启示。

实践与体验

登录如下程序设计语言的官方网站，下载最新版本的开发环境并熟悉操作界面。

（1）Python 3（https://www.python.org/downloads/）。

（2）Dev-C++（https://bloodshed-dev-c.en.softonic.com/download）。

（3）Java（https://www.java.com/zh-CN/download/）。

任务 10.3 程序的编写与调试

任务描述

小明同学了解到目前最为流行的程序设计语言是 Python，并且该语言又特别适合初学者。那么现在就开始学习安装 Python 的开发环境，然后再尝试使用 Python 编写一些有趣的小程序吧！

任务目标

- 结合 Python 官网开发软件的下载和安装，搭建 Python 开发环境。
- 通过编写最简单的 Python 程序，掌握 IDLE 开发工具的使用；通过 Python 绘图功能，提高学生编程兴趣。

任务实现

虽然 Python 官方网站目前同时发行 Python 2.x 和 Python 3.x 两个不同系列的版本（图 10.3.1），但这两个系列的版本之间很多用法是不兼容的，除了基本输入/输出方式有所不同，很多内置函数和标准库对象的用法也有很大的区别。

由于 Python 3.x 的设计理念更加合理、高效和人性化，全面普及和应用是必然的，越来越多的扩展库推出了与最新 Python 版本相适应的版本。因此本课程直接选用 2022 年 3 月 24 日发布的最新版本 Python 3.10.4。

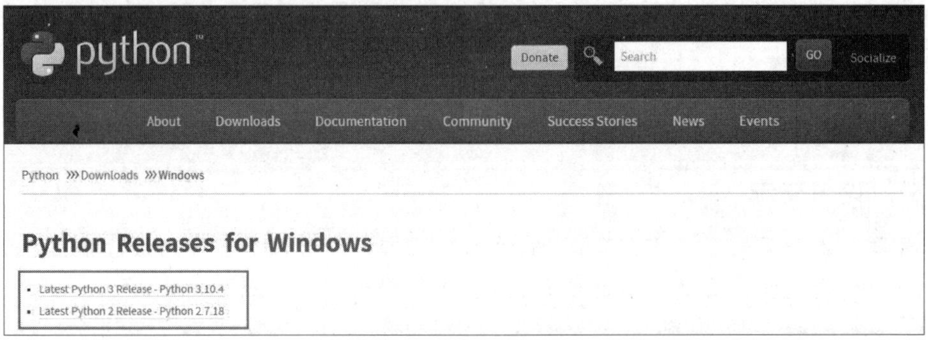

图 10.3.1 Python 官方网站

10.3.1 搭建 Python 开发环境

要在 Windows 系统中安装 Python，请参照下面的步骤进行。

步骤 1：访问 https://www.python.org/downloads/，单击“Download Python 3.10.4”选项，下载最新 Windows 系统版安装程序并保存到指定位置。该页面中还有其他系统（Linux/Unix 或 macOS 等）版本提供下载，如图 10.3.2 所示。

对于初学 Python 的读者，建议采用 3.10.4 或之后发布的版本，可以不使用最新版本。如果所在系统无法安装最新版本，则请使用更早的版本。

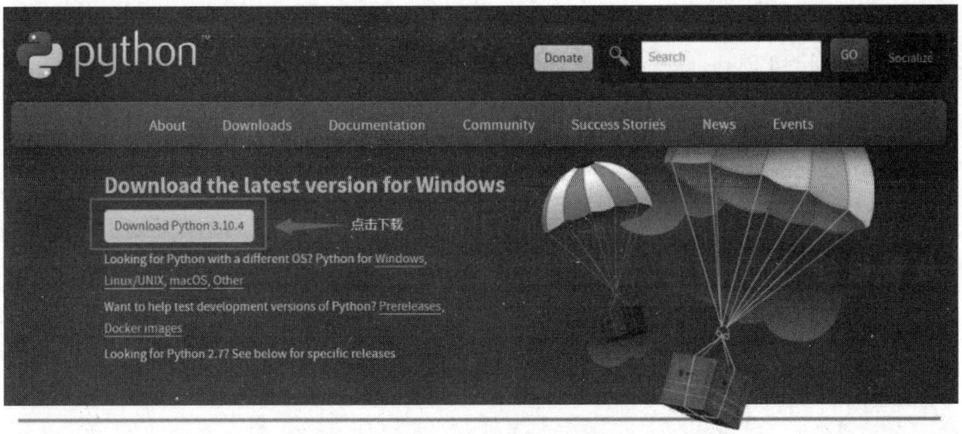

图 10.3.2　Python 安装程序下载页面

步骤 2：双击打开下载好的 Python 安装程序后，在出现的安装引导页面中首先勾选“Add Python 3.10 to PATH”选项，将安装路径添加到系统环境变量 Path 中，然后选择自定义安装或默认安装，如图 10.3.3 所示。

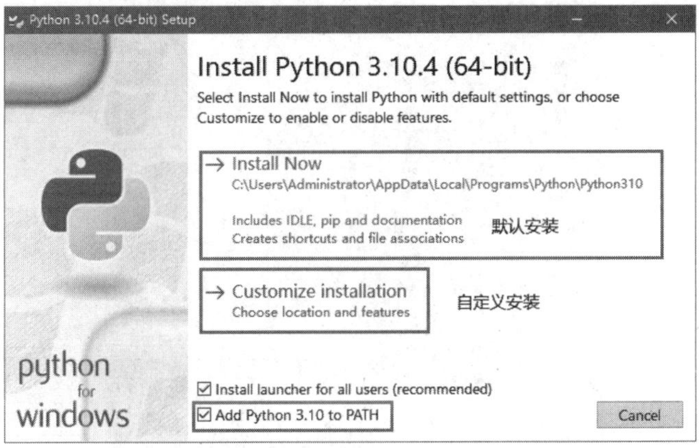

图 10.3.3　安装向导

步骤 3：在打开的对话框中按照提示进行安装。由于篇幅所限，详细步骤省略。安装成功界面如图 10.3.4 所示。

小贴示

如果安装时没有勾选“Add Python 3.10 to PATH”选项，那么系统就无法自动完成环境变量的配置，读者需要在安装完成后手动配置环境变量，再将 Python 的安装路径添加到环境变量中。

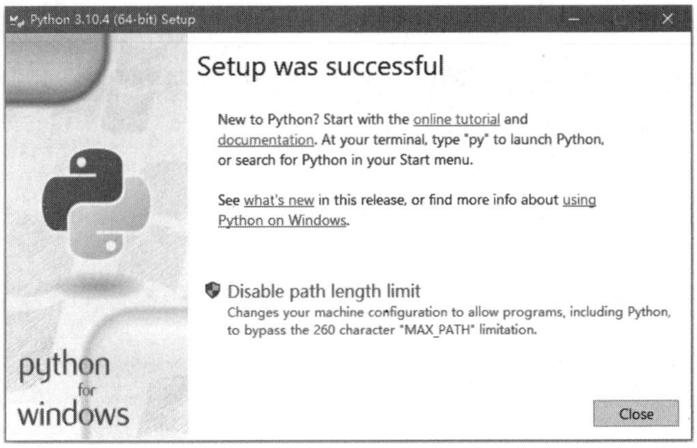

图 10.3.4　安装成功

Python 安装包将在系统中安装一批与 Python 开发和运行相关的程序，其中最重要的两个是 Python 命令行和 Python 集成开发环境（Python's integrated development environment, IDLE）。

10.3.2 编写最简单的 Python 程序

搭建好 Python 开发环境后，接下来编写一个简单的 Python 程序，学习实际操作中 Python 有哪些编码规范和运行方式。

学习程序设计语言有一个惯例，即运行最简单的 Hello World 程序，该程序功能是在屏幕上打印输出“Hello World”。这个程序虽小，但却是初学者接触编程语言的第一步。使用 Python 语言编写的 Hello 程序只有如下一行代码：

```
print("Hello world")
```

上述代码中，print()表示将括号中引号内的信息输出到屏幕上。"Hello world"（英文输入法下的双引号）表示需要输出到屏幕上的字符串为 Hello world。

步骤 1：单击屏幕左下角的“开始”菜单，选择 Python 3.10→IDLE（Python3.10.4 64-bit），打开 IDLE，如图 10.3.5 所示。

图 10.3.5 打开 IDLE

步骤 2：在出现的 IDLE Shell 3.10.4 窗口（图 10.3.6）中，直接按快捷键 Ctrl+N 或在菜单中选择 File→New File 菜单命令新建文件，打开一个新窗口（图 10.3.7）。这个新窗口是一个具备 Python 语法高亮辅助的编辑器，可以进行代码编辑。

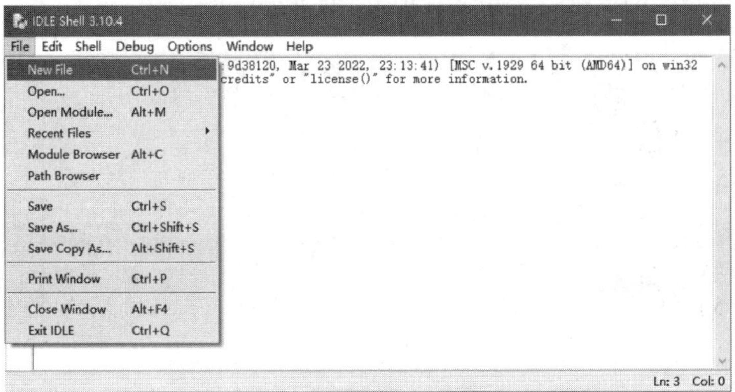

图 10.3.6 IDLE Shell 3.10.4 窗口

步骤 3：在新窗口中输入代码 print ("Hello world")，直接按 F5 键或在菜单中选择 Run→Run Module 命令，出现提示保存源代码对话框，如图 10.3.8 所示。单击“确定”按钮，在弹出的“另存为”对话框中选择源代码需要保存的路径，在文件名中设置源文件的名字为“1-1.py”，然后单击“保存”按钮，如图 10.3.9 所示。在 IDLE 环境中运行 Hello World 程序，效果如图 10.3.10 所示。

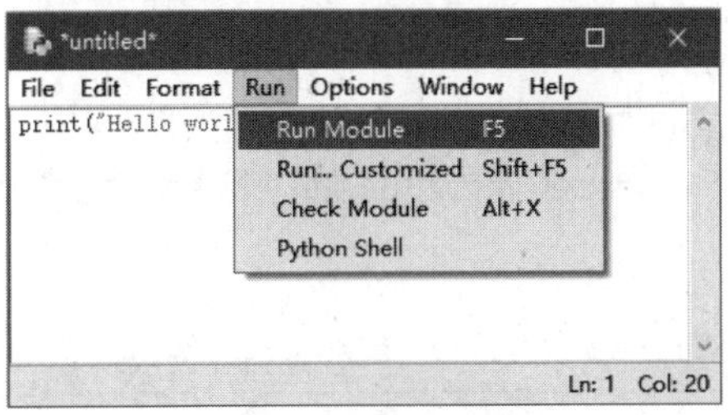

图 10.3.7　代码编辑窗口

图 10.3.8　保存源代码提示对话框

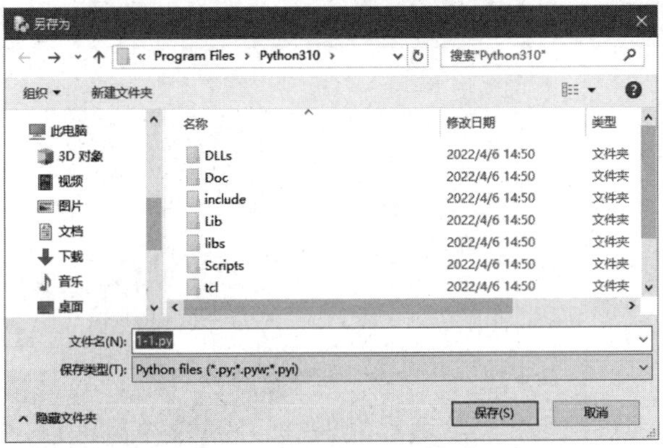

图 10.3.9　“另存为”对话框

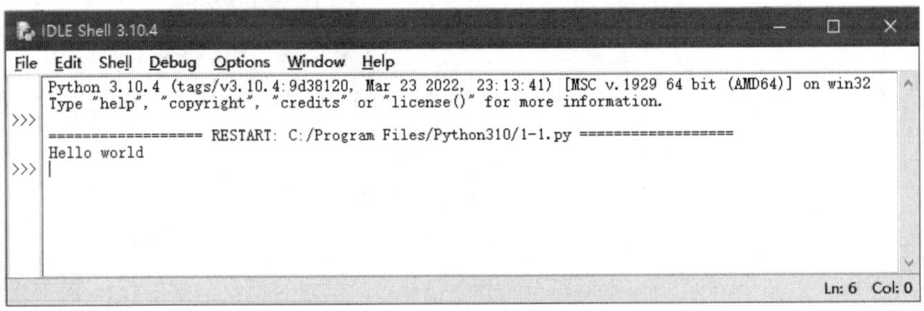

图 10.3.10　通过 IDLE 展示运行效果

> **小贴示**
> IDLE 是一个简单有效的集成开发环境，无论交互式或文件式，它都有助于快速编写和调试代码，它是小规模 Python 软件项目的主要编写工具。除了 IDLE 还有很多更强大、更复杂的 Python 语言集成开发环境，如 PyCharm、Anaconda、Eclipse 等，主要用于中规模及以上的软件开发项目。

10.3.3　有趣的 Python 绘图功能

为提高读者对 Python 程序设计的兴趣，下面介绍其强大的绘图功能。这里暂时忽略实例中程序的具体语法含义，有兴趣的可以学习“Python 程序设计”这门课程。这些程序要在 IDLE 交互环境或编辑器中编写并运行，确保它们可以输出正确结果。注意，在代码编辑器中输入源代码时，#及后面的文字是注释，仅用来帮助代码阅读者理解程序，不影响程序执行，可以不用输入。

Turtle 库是 Python 语言中一个很流行的绘制图像的函数库。想象一个小乌龟，在一个横轴为 x、纵轴为 y 的坐标系中，从原点（0,0）位置开始根据一组函数指令移动，从而在它爬行的路径上绘制了图形。接下来，利用 Python 绘制一个五角星，步骤如下。

步骤 1：选择 IDLE→New File 命令，打开代码编辑器，输入如图 10.3.11 所示的代码。

步骤 2：保存代码后运行即可看到绘制的五角星，如图 10.3.12 所示。

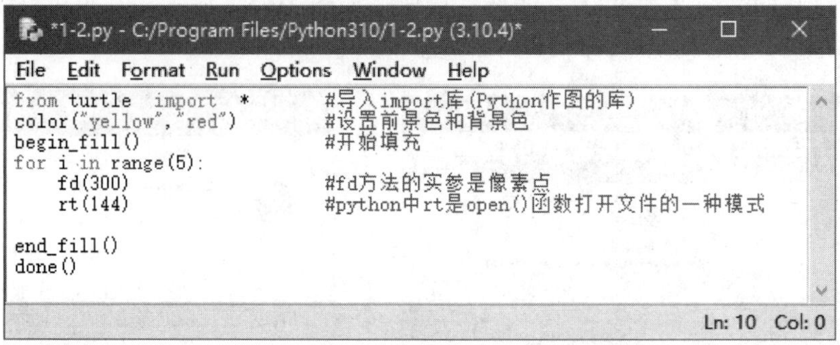

图 10.3.11 绘制五角星源代码

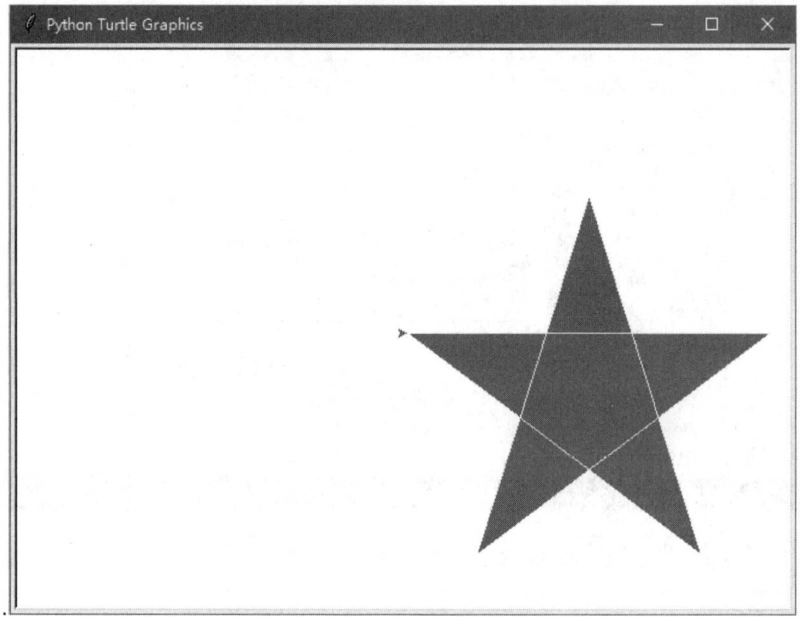

图 10.3.12 绘制结果

单元小结

程序设计是设计和构建可执行的程序以完成特定计算结果的过程，是软件构造活动的重要组成部分，一般包含分析、设计、编码、调试、测试等阶段。熟悉和掌握程序设计的基础知识，是在现代信息社会中生存和发展的基本技能之一。

本单元主要介绍了程序设计的发展历程、主流的高级程序设计语言以及高级程序语言开发环境的安装、环境配置和基本使用方法并能进行简单程序的编写和调测。

课后习题

一、选择题

1. 机器语言实际上是（　　）。
   A. 二进制代码　　B. 字符串　　C. 自然语言　　D. 以上均不是
2. C 语言属于（　　）类计算机语言。
   A. 机器语言　　B. 汇编语言　　C. 高级语言　　D. 以上均不是
3. C++程序设计语言是（　　）。
   A. 完全的面向对象的程序设计语言
   B. 低级语言
   C. 既是面向对象的程序设计语言，又是结构化程序设计语言
   D. 结构化程序设计语言
4. C#和 Java 都是由（　　）发展而来的。
   A. C++　　B. Visual Baisc　　C. Python　　D. 汇编语言
5. Python 中需要对编写的代码进行注释，使用（　　）符号。
   A.//　　B. #　　C. \\　　D. 以上均不是

二、填空题

1. 程序设计语言分成了三大类，分别是___________，___________和___________。
2. ___________语言的书写方式接近于人们的思维习惯，使程序更易阅读和理解。
3. Java 语言的一个非常重要的特点就是_______________。
4. 集成开发环境（IDLE）是一套用于程序开发的软件工具集合，一般包括___________、___________、___________和___________等工具。
5. Python 语言是__________项目的优秀代表，其解释器的全部代码都可在 Python 语言的主网站自由下载。

学习笔记

11 单元 大数据

单元导读

大数据是信息技术发展的必然产物，更是信息化进程的新阶段，其发展推动了数字经济的形成与繁荣。大数据是指无法在一定时间范围内用常规软件工具获取、存储、管理和处理的数据集合，具有数据规模大、数据变化快、数据类型多样和价值密度低四大特征。熟悉和掌握大数据相关技能，将会更有力地推动国家数字经济建设。本单元包含大数据基础知识、大数据系统架构、大数据分析算法、大数据应用及发展趋势等内容。

任务 11.1 什么是大数据

任务描述

小丁同学发现每次浏览某购物网站或使用购物 App 后，再打开其他网页时，经常会被推荐之前浏览过的类似商品。不明就里的他请教计算机专业的学长，被告知互联网可通过大数据平台监测分析消费者的消费行踪轨迹，如浏览过的页面、广告、商品服务、话题等，有针对性地对消费者进行商业营销。小丁觉得大数据十分神奇，那我们就和小丁一起了解什么是大数据吧。

任务目标

- 理解大数据的基本概念、结构类型和核心特征。
- 了解大数据的时代背景、应用场景和发展趋势。

任务实现

在过去的数年中，信息技术在社会、经济、生活等各个领域不断渗透和推陈出新，社交媒体、众包、虚拟服务等新型应用模式持续拓展着人类创造和利用信息的范围和形式，促使各个产业发生改变，导致数据以前所未有的速度不断地增长和累积，在信息爆炸时代产生了海量数据。

11.1.1 大数据的背景

根据国际数据公司（International Data Corporation，IDC）做出的估测，数据近几年一直在以每年 50%的速度增长，也就是说每两年就增长一倍。这意味着人类在最近两年产生的数据量相当于之前产生的全部数据量，预计到 2025 年，全球将拥有 175ZB 的数据量，相较于 2020 年，数据量将增长近 5 倍。物联网、云计算、互联网、手机，以及遍布地球各个角落的各种各样的传感器，无一不是数据来源或者承载的方式。学术界、工业界以及政府机构都已经开始密切关注大数据问题，并对其产生浓厚兴趣。

大数据应用领域十分广泛。例如，在电商领域，电商平台利用大数据技术，对用户信息进行分析，为用户推送感兴趣的产品，从而刺激消费。在政府领域，政府部门得以感知社会的发展变化需求，从而更加科学化、精准化、合理化地为市民提供相应的公共服务和资源配置。在医疗领域，通过临床数据对比、实时统计分析、远程病人数据分析、就诊行为分析等，辅助医生进行临床决策，规范诊疗路径，提高医生的工作效率。在教育领域，通过大数据进行学习分析，能够为每位学生创设量身定做的个性化课程。在交通领域，通过大数据技术可以预测未来交通情况，为改善交通状况提供优化方案。

11.1.2 大数据的概念

大数据是指任何体量或者复杂性超过常规数据处理方法和处理能力的数据，其定义有狭义及广义之分。

狭义上的大数据是指通过获取、存储、分析，从大容量数据中挖掘价值的一种全新的技术架构。对大量数据进行分析并从中获得有用观点，这种做法在一部分研究机构和大企业中，过去就已经存在了。与过去相比，现在的大数据主要有三点不同：第一，随着社交媒体和传感器网络等的发展，在我们身边正产生出大量且多样的数据；第二，随着硬件和软件技术的发展，数据的存储、处理成本大幅下降；第三，随着云计算的兴起，大数据的存储、处理环境已经没有必要自行搭建。

广义上的大数据是指包括大数据技术、大数据工程、大数据科学和大数据应用等与大数据相关的领域，也可指物理世界到数字世界的映射和提炼，通过发现其中的数据特征，从而做出提升效率的决策行为。它是一个综合性概念，包括因具备大数据特征而难以进行管理的数据，对这些数据进行存储、处理、分析的技术，以及能够通过分析这些数据获得实用意义和观点的人才和组织。

随着“大数据”的出现，数据仓库、数据安全、数据分析、数据挖掘等围绕大数据商业价值的技术正逐渐成为行业人士争相追捧的利润焦点，在全球引领了又一轮数据技术革新的浪潮。

11.1.3　大数据的特征

从字面来看，“大数据”这个词可能会让人觉得只是容量非常大的数据集合而已。但容量只不过是大数据特征的一个方面，如果只拘泥于数据量，就无法深入理解围绕大数据所进行的讨论。因为“用现有的一般技术难以管理”这样的状况，并不仅仅是由于数据量增大这一个因素所造成的。目前一般认为，大数据主要具有以下 4 个方面的典型特征，即规模性（Volume）、多样性（Variety）、高速性（Velocity）和价值性（Value），简称 4V，如图 11.1.1 所示。

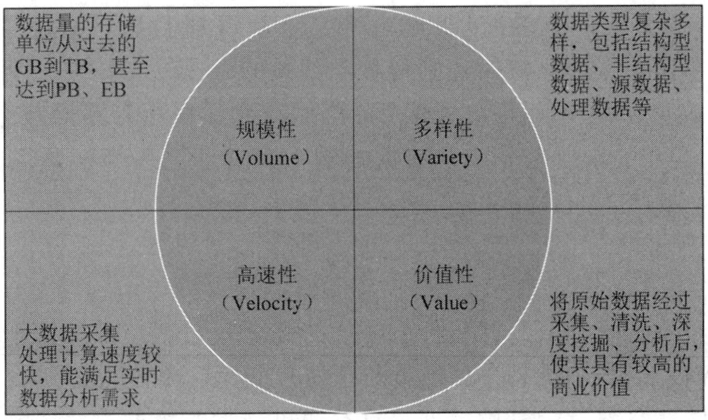

图 11.1.1　大数据的 4V 特征

1. 规模性

数据相关计量单位的换算关系如表 11.1.1 所示，其中，比特（bit）是计算机中表示信息的最小单位，只有 0、1 两种状态。大数据的特征首先就是数据体量大。目前存储的数据能达 TB、PB、EB、ZB 级，未来会达到 YB、BB、NB 甚至 DB 级，目前全球每年总的数据量已达 ZB 级。

表 11.1.1 数据计量单位换算关系

单位	换算关系
字节 Byte	1Byte=8bit
千字节 KB	1KB= 1024Byte
兆字节 MB	1MB= 1024KB
吉字节 GB	1GB= 1024MB
太字节 TB	1TB= 1024GB
拍字节 PB	1PB= 1024TB
艾字节 EB	1EB= 1024PB
泽字节 ZB	1ZB= 1024EB

2. 多样性

数据来源的广泛性，决定了数据形式的多样性。大数据可以分为三类：一是结构化数据，如财务系统数据、信息管理系统数据、医疗系统数据等，其特点是数据间因果关系强；二是非结构化的数据，如视频、图片、音频等，其特点是数据间没有因果关系；三是半结构化数据，如 HTML 文档、邮件、网页等，其特点是数据间的因果关系弱。其中，爆发式增长的一些数据，如互联网上的文本数据、位置信息、传感器数据、视频等，用企业中主流的关系型数据库是很难存储的，它们都属于非结构化数据。

3. 高速性

与以往的报纸、书信等传统数据载体生产传播的方式不同，在大数据时代，大数据的交换和传播主要是通过互联网和云计算等方式实现的，其生产和传播数据的速度是非常迅速的。另外，大数据还要求处理数据的响应速度要快。

例如，遍布全国的便利店在 24 小时内产生的 POS 机数据；电商网站中由用户访问所产生的网站点击流数据；高峰时达到每秒千万条的微信短文数据；全国公路上安装的交通堵塞探测传感器、路面状况传感器（可检测结冰、积雪等路面状态）等感知数据，这些数据的分析必须在几秒内完成。数据的输入、处理与丢弃必须立刻见效，几乎无延迟。

4. 价值性

大数据的核心特征是价值，其实价值密度的高低和数据总量的大小是成反比的，即数据价值密度越高，数据总量越小；数据价值密度越低，数据总量越大。任何有价值的信息的提取依托的就是海量的基础数据。只有通过强大的机器算法才能在海量数据中完成数据的价值提纯，如同现实世界中只有通过专业的技术手段才能探明矿藏一样。

任务 11.2 大数据的相关技术

任务描述

小丁同学在学习过程中，看到了大数据应用的一个经典案例——啤酒与尿布的故事：在沃尔玛超市里尿布和啤酒摆在一起出售，可以使尿布和啤酒的销量双双增加，原因是爸爸在买完尿布之后可以顺手购买自己爱喝的啤酒，因此啤酒和尿布可以作为关联商品摆放。小丁很想知道超市是通过哪些技术手段发现这个关联的呢？如何找出更多的关联商品呢？本任务就介绍一下大数据相关的技术。

任务目标

- 了解大数据采集、预处理和存储管理等关键技术。
- 了解典型的大数据处理工具及平台。
- 了解大数据系统架构 Hadoop、Spark 和 Storm。

任务实现

11.2.1　大数据关键技术

大数据本身是一个现象而不是一种技术，伴随着大数据的采集、传输、处理和应用的相关技术就是大数据处理技术，是一系列使用非传统的工具来对大量的结构化、半结构化和非结构化数据进行处理，从而获得分析和预测结果的一系列数据处理技术。大数据技术包括系统平台基础架构和数据采集、数据存取、数据处理、数据分析、数据挖掘、模型预测、结果呈现等。下面选取其中的关键技术加以介绍。

大数据处理流程主要是指从海量数据中获取需要的信息并进行加工分析得到有用的知识的过程。大数据处理流程一般包括数据采集与预处理、数据存储及管理、数据挖掘与分析、数据可视化呈现，如图 11.2.1 所示。下面分别介绍涉及的相关技术。

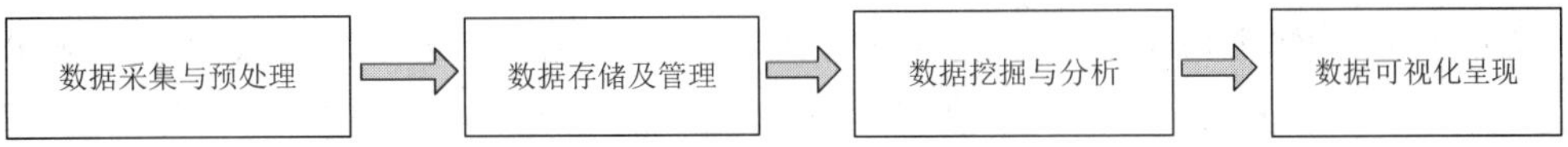

图 11.2.1　大数据处理流程

1. 数据采集与预处理技术

数据采集主要通过 Web、应用、传感器等方式获得各种类型的结构化、半结构化及非结构化数据，难点在于采集量大且数据类型繁多。采集网络数据可以通过网络爬虫的方式来获取。对于系统管理员来说，系统日志对于管理有重要的意义，很多互联网企业都有自己的海量数据收集工具，用于系统日志的收集，能满足每秒数百 MB 的日志数据采集和传输需求，如 Hadoop 的 Chukwa、Flume，Facebook 的 Scribe 等。

大数据的预处理包括对数据的抽取和清洗等方面。由于大数据的数据类型是多样化的，不利于快速分析处理，数据抽取过程可以将数据转化为便于处理的数据结构。数据清洗是指发现并纠正数据文件中可识别的错误的最后一道程序，可以将数据集中的残缺数据、错误数据和重复数据筛选出来并丢弃。常用的数据清洗工具有 DataWrangler、GoogleRefine 等。

2. 数据存储与管理技术

大数据的存储与管理和传统数据相比，难点在于数据量大，数据类型多，文件大小可能超过单个磁盘容量。企业要克服这些问题，实现对结构化、半结构化、非结构化海量数据的存储与管理，可以综合利用分布式文件系统、数据仓库、关系型数据库、非关系型数据库等技术。常用的分布式文件系统有 Google 公司的 GFS、Hadoop 公司的 HDFS、SUN 公司的 Lustre 等。

3. 数据挖掘与分析技术

数据挖掘与分析是指利用算法模型对数据进行处理，从而得到有用的信息。数据挖掘会从大量复杂的数据中提取信息，通过处理分析海量数据发现价值。大数据平台通过不同的计算框架执行计算任务，实现数据挖掘和分析的目的。

数据挖掘是指从大量的数据中，通过统计学、人工智能、机器学习等方法，挖掘出未知的、有价值的信息和知识的过程。数据挖掘常见任务类别有偏差分析、关联分析、聚类分析、分类和回归。

数据分析是指根据分析目的，用适当的统计分析方法对收集来的数据进行处理与分析，提供有价值的信息的一种技术。数据分析的类型包括描述性统计分析、探索性数据分析和验证性数据分析。

4. 数据可视化技术

数据可视化是指将数据以图形图像形式表示，向用户清楚有效地传达信息的过程。通过数据可视化技术，可以生成实时的图表，它能对数据的生成和变化进行观测、跟踪，也可以形成静态的多维报表以发现数据中不同变量的潜在联系。

实践与体验

通过运用一款功能强大且性能稳定的数据采集软件——火车采集器（可在 http://www.locoy.com/官方网站下载安装，并免费注册），实现对新闻数据的获取及本地保存。

（1）进入火车采集器主界面，并定义分组。下载安装火车采集器，并免费注册用户（本实训中设置的用户名为 dashuju_test，密码设置为 123456789），双击图标进入火车采集器登录主界面，如图 11.2.2 所示。

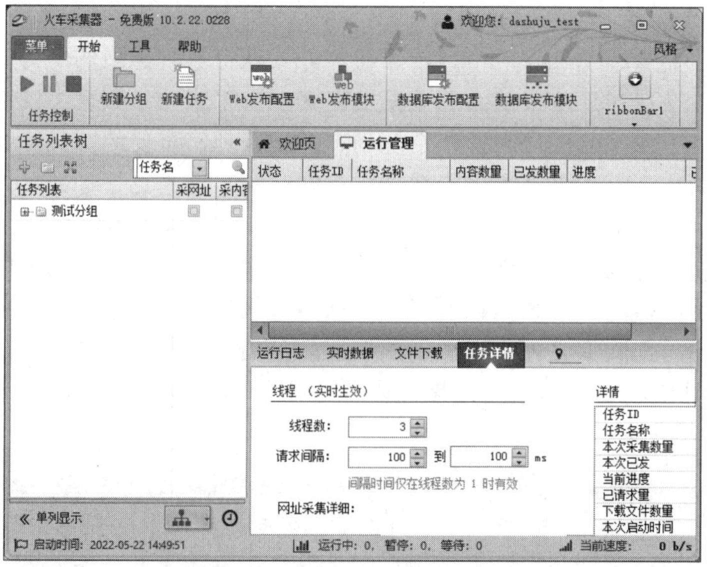

图 11.2.2 火车采集器登录主界面

当前火车采集器处于空闲状态，为了采集新闻数据，首先单击位于菜单栏的“新建分组”按钮，打开如图 11.2.3 所示的对话框，选择所属分组为“测试分组”，并定义分组名称为“百度新闻数据获取”，单击“保存”按钮。在任务列表中新增了“百度新闻数据获取”分组，如图 11.2.4 所示。

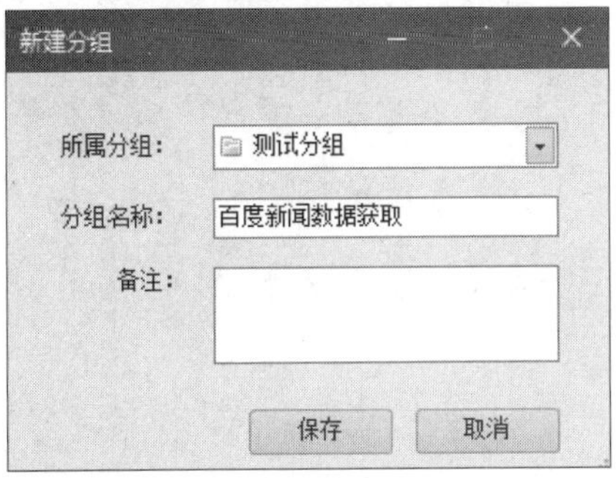

图 11.2.3　“新建分组”对话框

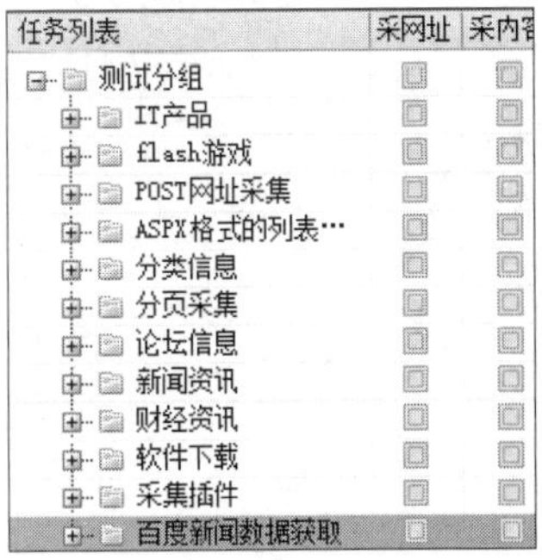

图 11.2.4　任务列表树

（2）在分组中新建数据采集任务，同时定义数据采集的任务规则（起始网址）。单击选中步骤（1）中新建的“百度新闻数据获取”分组，右击，在弹出的快捷菜单中选择“新建任务”菜单项，打开“新建任务规则”对话框，如图 11.2.5 所示。

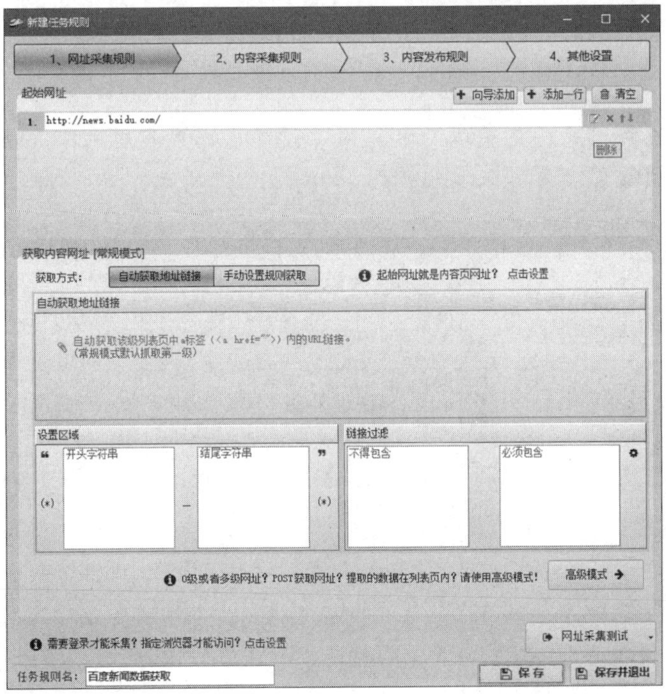

图 11.2.5　“新建任务规则”对话框

（3）在“新建任务规则”对话框标题栏正下方可见对网络数据采集的四个不同规则和设置，当前所在的位置为“网址采集规则”，首先在“起始网址”文本框中输入 http://news.baidu.com/，同时在对话框左下角的“任务规则名”文本框中输入“百度新闻数据获取”，单击“保存”按钮。为保证后续任务执行成功，可单击“网址采集测试”按钮，查看预先定义起始网址条件下的网址采集情况，如图 11.2.6 所示。采集到的链接数目为 115 个，可满足新闻数据获取的要求。

图 11.2.6 网址采集情况

（4）结合网页源码及所需获取的数据内容设置内容采集规则，并任选内容页面进行测试，单击第二项设置“内容采集规则”，如图 11.2.7 所示。

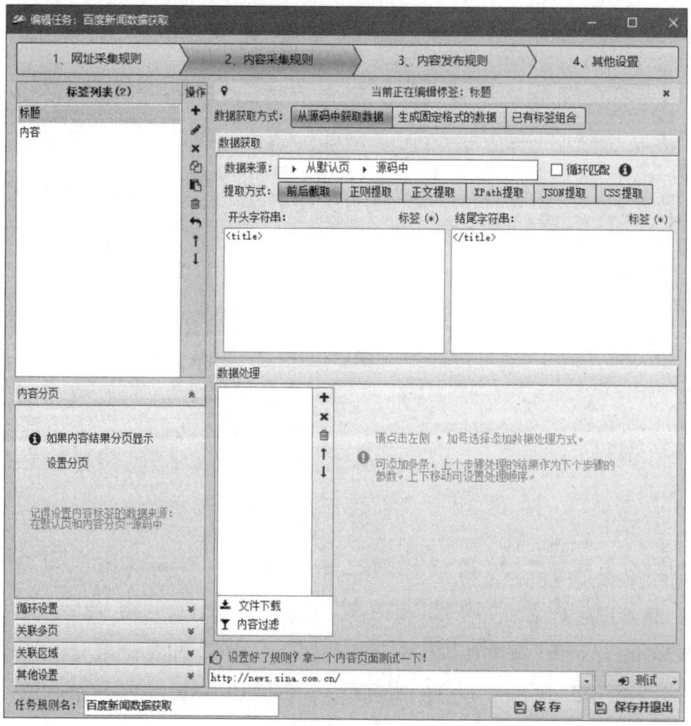

图 11.2.7 设置“内容采集规则”

（5）默认状态下的标签列表中有“标题”和“内容”两项（新闻数据获取的主体内

容），对标题的规则设置非常简单，可直接使用默认选项，即开头和结尾的字符串分别为“<title>”和“</title>”。此处为保证获取的数据在后期的应用需求，一般可在“数据处理”处单击“+”按钮，在其中选择“内容替换/排除”选项（图 11.2.8），可将所有内容页面标题中的“_百度新闻”替换为空格（图 11.2.9），以免此类重复、无用的数据影响后续对获取的新闻数据的分析。

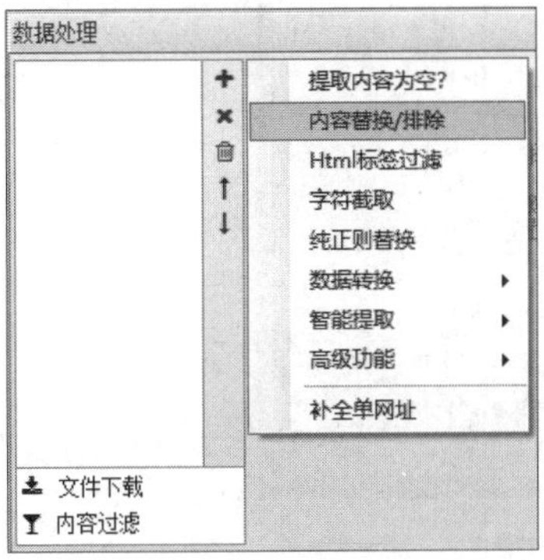

图 11.2.8　选择“内容替换/排除”选项

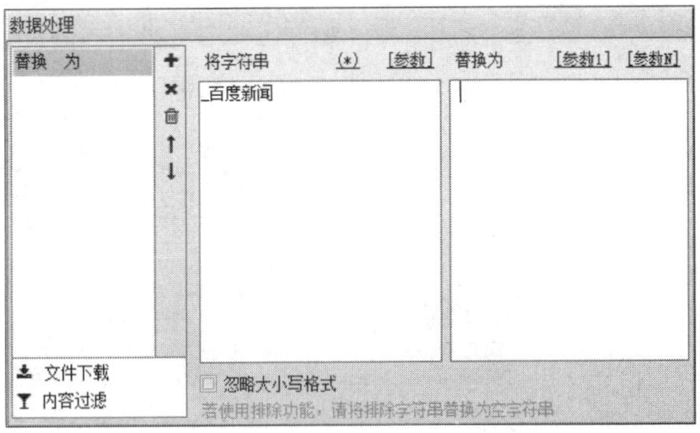

图 11.2.9　替换为空格

（6）选择标签列表中的“内容”标签，对提取页面主体内容的数据规则进行设置，如图 11.2.10 所示。由于此处默认选项对内容的开头字符串和结尾字符串分别为“<html”和“</html>”，内容主体包含整个页面，显然是不合理的，因而此处需要重新定义。

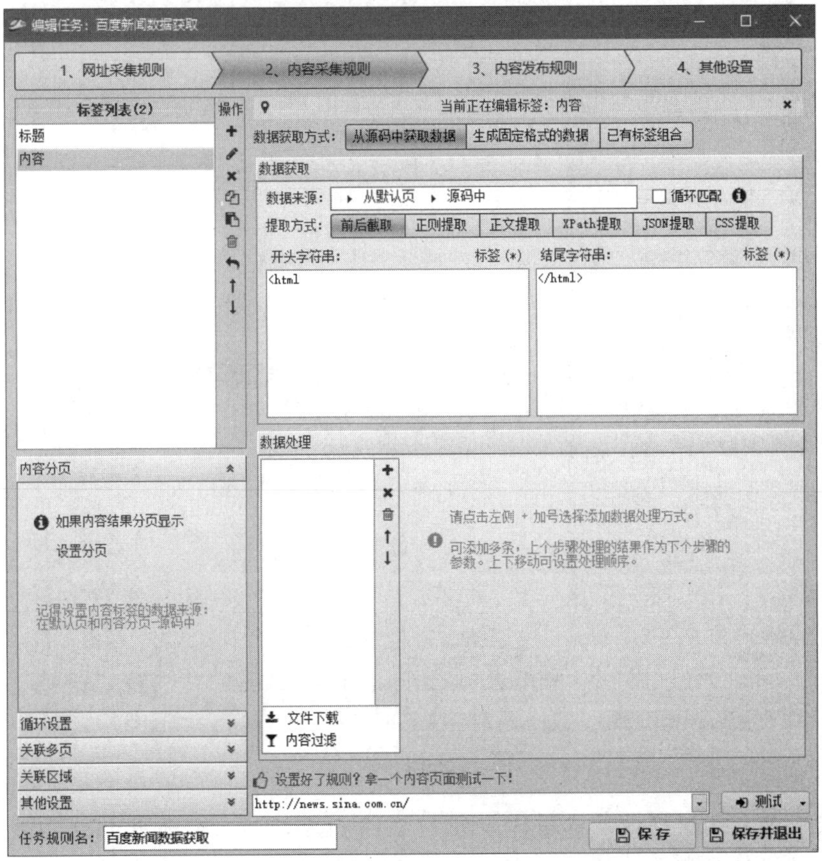

图 11.2.10　对提取页面主体内容的数据规则进行设置

为保证获取的新闻数据中包含尽可能少的 HTML 字符，可在“数据处理”处单击“+”按钮，选择“HTML 标签排除”，排除掉页面内容部分常包含的段落<p、层<div、空格 等标签，也可以直接全选，如图 11.2.11 所示。

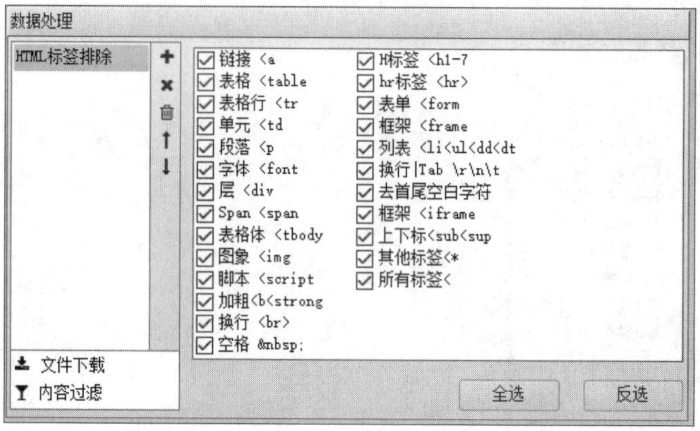

图 11.2.11 选择“HTML 标签排除”

为保证后期数据采集的效果，在内容规则设置处也可以选择任意一个内容页面，并单击“测试”按钮，如图 11.2.12 所示。

图 11.2.12 测试

查看获取的新闻数据结果标题，如图 11.2.13 所示，其内容如图 11.2.14 所示，可见获取的页面数据较为完整，且并未见包含冗余的 HTML 代码。

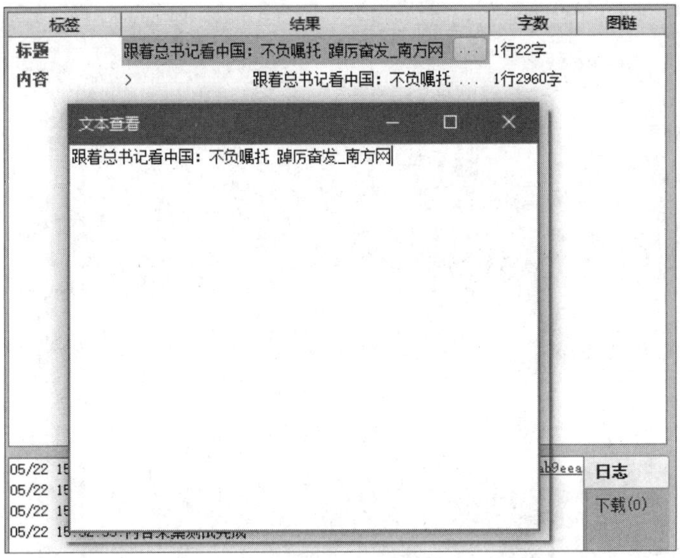

图 11.2.13　查看获取的新闻数据结果标题

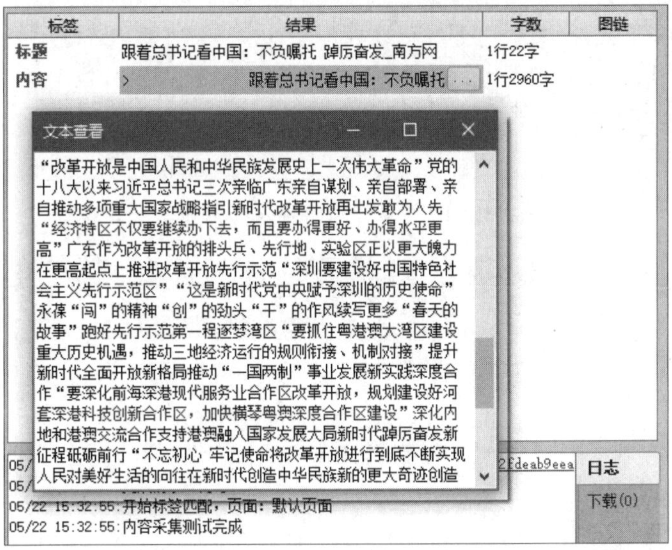

图 11.2.14　获取的页面内容

（7）通过设置内容发布规则，将获取的新闻数据以 txt 的格式保存到本地文件夹中，以便用户对采集到的新闻数据进行查看和后续数据的处理。

单击“新建任务规则”对话框下方的第三项设置“内容发布规则”，进入内容发布规则设置界面，如图 11.2.15 所示。

选择左侧列表中的第三项“保存为本地文件”，打开如图 11.2.16 所示的界面。在该界面中，默认情况下“本地文件保存”处于禁用状态，单击将其启用。本实训中将获取的新闻数据保存文件格式选定为 Txt，同时选择保存方式为“一条记录存一个文件”。文件保存位置可由用户自己设定（此处将其保存在“D: \\百度新闻获取目录”下）。文件名格式可采用默认状态“任务名”，也可在右侧下拉列表中选择其他格式，文件编码方式选择 UTF-8，设置结果如图 11.2.17 所示，单击“保存”按钮。

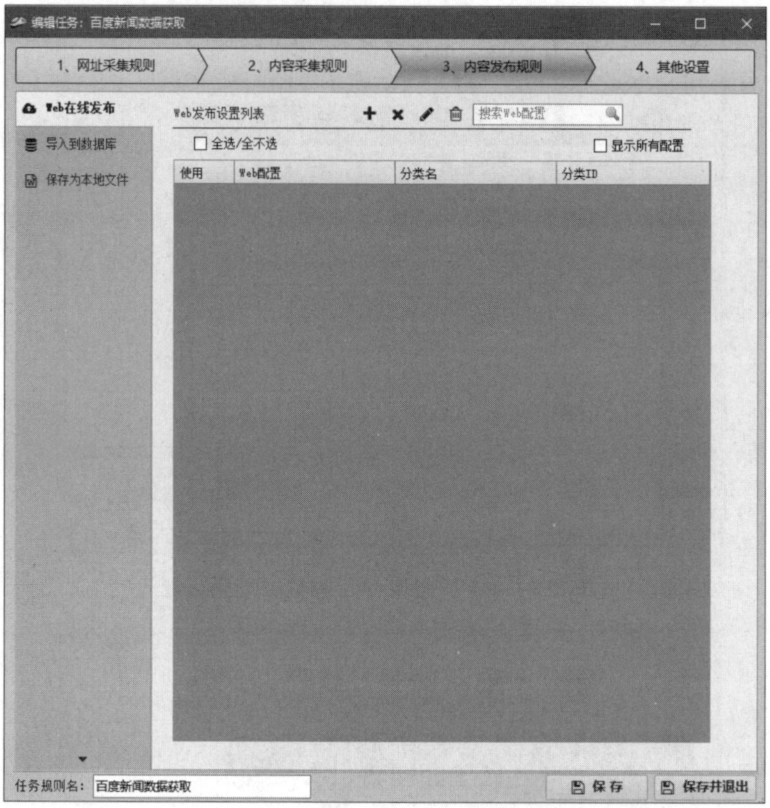

图 11.2.15 设置“内容发布规则”

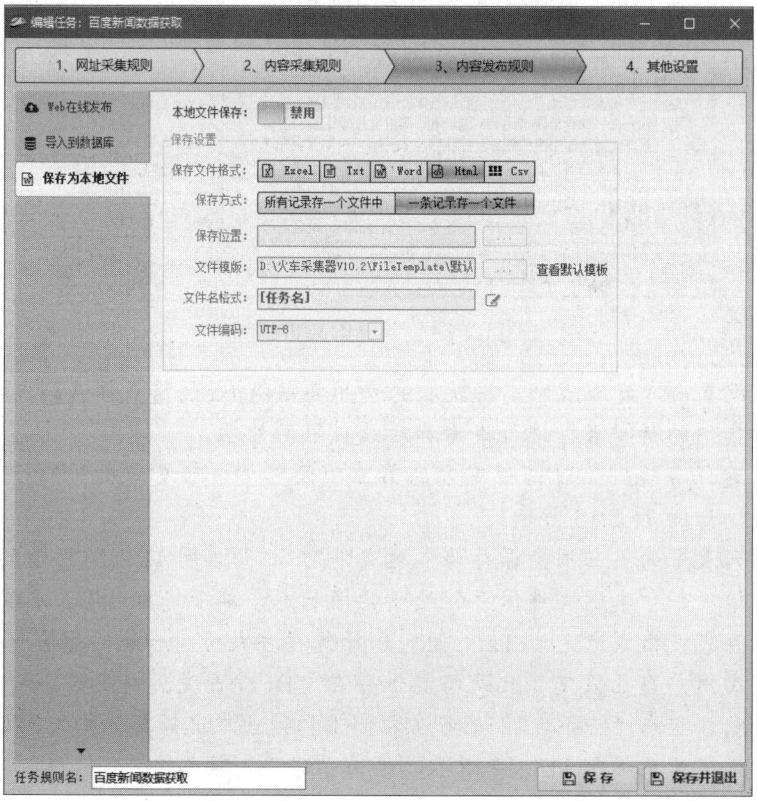

图 11.2.16 保存为本地文件

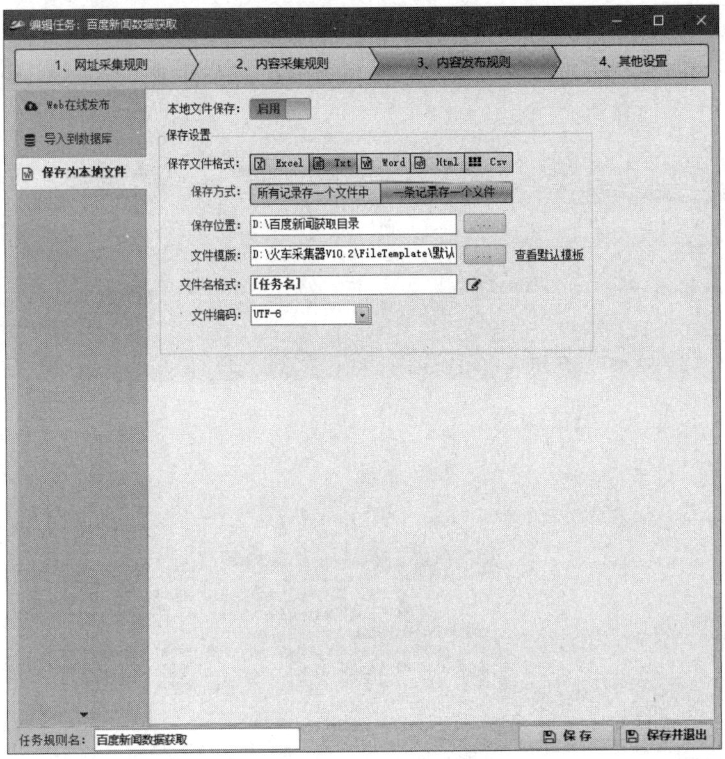

图 11.2.17　设置结果

（8）执行数据采集任务，完成本次新闻数据获取操作。

关闭任务规则设置界面，返回火车采集器主界面，单击左侧任务列表中的“百度新闻数据获取”分组，可见其中包含一个任务名为“百度新闻数据获取”的任务，将任务后的“采网址”“采内容”“发布”3 个选项全部选中，如图 11.2.18 所示。

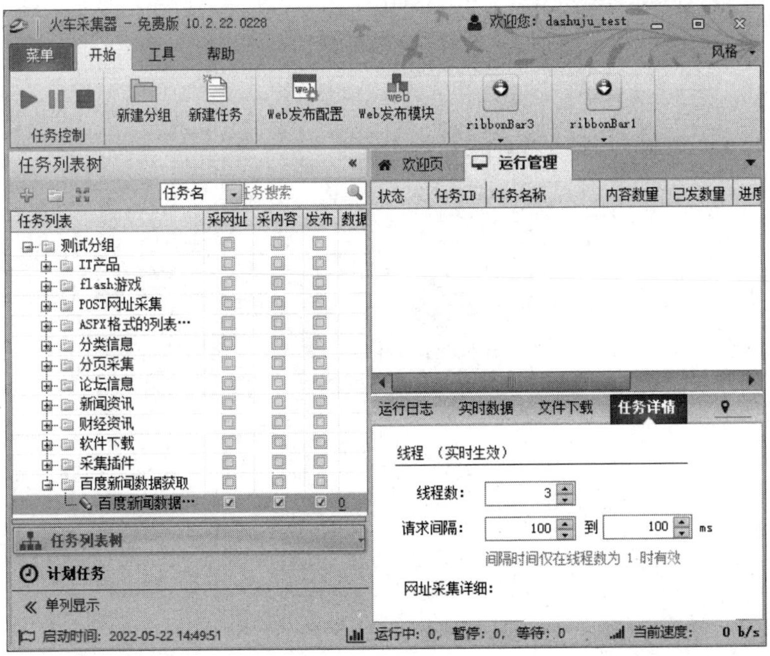

图 11.2.18　选中 3 个选项

右击"百度新闻数据获取"任务，在弹出的快捷菜单中选择"开始"选项，即在火车采集器主界面右侧"运行管理"选项卡中出现数据获取进度条，同时在采集完毕后出现如图 11.2.19 所示的结果。

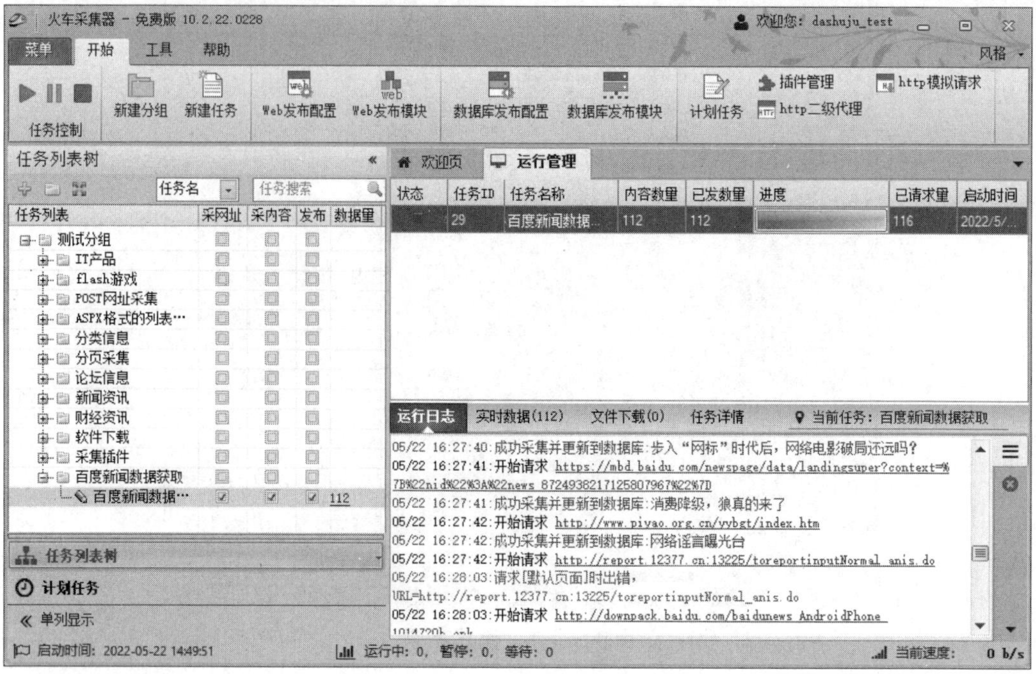

图 11.2.19 采集结果

在任务列表"百度新闻数据获取"右侧"数据量"处单击，可见本次所获取的新闻数据，图 11.2.20 所示为其标题，图 11.2.21 所示为其内容。

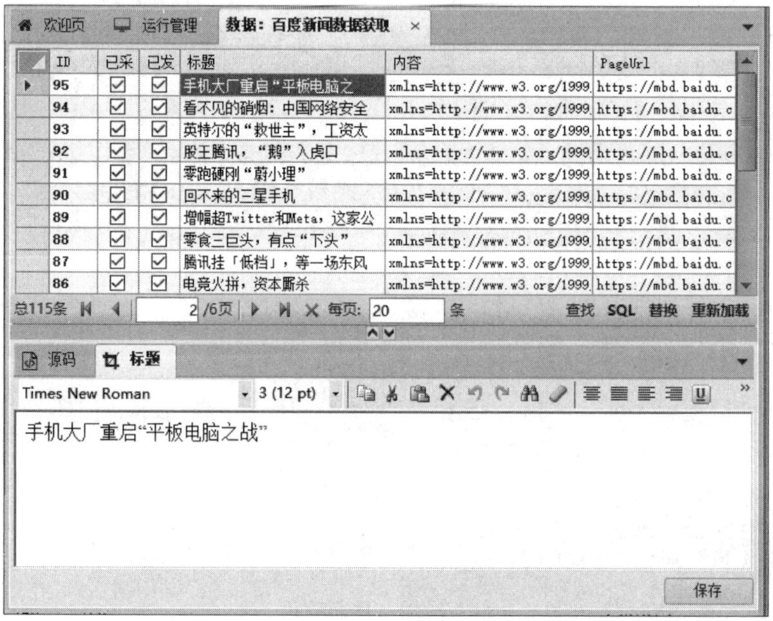

图 11.2.20 标题

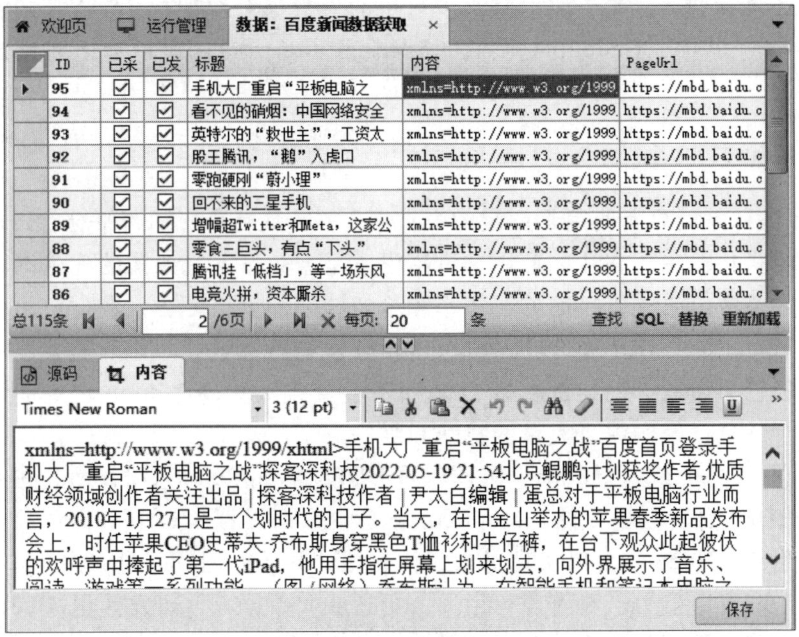

图 11.2.21　内容

同时，为方便用户对所获取的新闻数据的后续处理（如数据挖掘或分类等操作），可在内容发布规则中设置的文件夹中查看本地保存的.txt 文件及内容，如图 11.2.22 所示。

图 11.2.22　本地保存的.txt 文件及内容

11.2.2　大数据系统基础架构

在大数据处理上，起到关键性作用的就是大数据系统架构，也称作大数据框架。通过大数据系统架构，可实现大规模数据的整合处理。从早期的人工统计分析到独立的计算机分析，再到今天的分布式计算平台，数据处理能力飞速提升的背后正是整体系统架构的不断演进。目前市面上有不少可用的大数据系统架构，最流行的有 Hadoop、Spark 和 Storm。其中，Hadoop 是主流，Spark 和 Storm 这两个后起之秀也正以迅猛之势快速发展。

1. Hadoop

Hadoop 系统架构标识

Hadoop 是目前世界上使用最广泛的大数据工具，具有良好的跨平台性，并且可部署在廉价的计算机集群中，在业内应用非常广泛，是大数据系统架构的代名词，也是分布式计算架构的鼻祖。它凭借极高的容错率和极低的硬件价格，在大数据应用市场上蒸蒸日上。几乎所有主流厂商都围绕 Hadoop 进行开发和提供服务，如谷歌、百度、思科、华为、阿里巴巴、微软等公司都支持 Hadoop。到目前为止，Hadoop 已经成为一个巨大的生态系统，并且已经实现了大量的算法和组件。

Hadoop 框架当中最主要的单个组件就是 HDFS、MapReduce 和 Yarn。在大数据处理环节当中，HDFS 负责数据存储，MapReduce 负责数据计算，Yarn 负责资源调度。基于这三个核心组件，Hadoop 可以实现对大规模数据的高效处理，同时 Hadoop 具有出色的故障处理机制和容错能力，具有高可用性，更适合大数据平台研发。但 Hadoop 有一个比较大的局限就是数据处理主要是离线处理，对于时效性要求很高的数据处理任务，不能很好地完成。

2. Spark

Spark 系统架构标识

为解决 Hadoop 在实时数据处理上的局限，Spark 框架应运而生。Spark 具有改进的数据流处理的批处理框架，通过内存计算，可以实现对大批量实时数据的处理，弥补了 Hadoop 的不足。为了使程序运行更快，Spark 提供了内存计算。Spark 逐渐成为当今领域热门的计算平台之一。

3. Storm

Storm 系统架构标识

与 Hadoop 的批处理模式不同，Storm 使用一个流计算框架，该框架由 Twitter 开源，托管在 GitHub 上。与 Hadoop 相似，Storm 也提出了两个计算角色：Spout 和 Bolt。如果说 Hadoop 是一个水桶，一次只能在一口井里装一个水桶，那么 Storm 就是一个水龙头，它可以打开并连续生产水。Storm 还支持许多语言，如 Java、Ruby、Python 等。由于 Storm 是一个流计算框架，在延迟方面有很大优势。Storm 的缺点在于无论是离线、高延迟，还是交互式查询，它都不如 Spark 框架。

就像目前云计算市场中风头强劲的混合云一样，越来越多的组织和个人采用混合式大数据系统架构，因为每种架构都有其自身的优缺点。因此，大数据平台经常采用 Hadoop、Spark、Storm 相结合的建设模式。大数据处理的框架是一直在不断更新优化的，没有哪一种结构能够实现对大数据的完美处理，在真正的大数据平台开发上都需要根据实际需求来考量。

任务 11.3 大数据的应用场景

任务描述

小丁同学通过对超市商品摆放案例的了解，以及对大数据相关技术的学习，对于大数据的应用产生了极大兴趣。通过网络信息搜索，他发现在大数据方向就业也是非常有前景的。其中最核心的问题是找到合适的应用领域，通过技术手段挖掘大数据的价值。于是他组织了几个同学，开始探索大数据技术在身边的应用场景。

任务目标

- 了解大数据在医疗、电商、农牧、交通、教育行业的应用。

任务实现

当前，大数据技术的应用涉及各个行业领域。在大数据技术推广的过程中，最重要的是挖掘用户需求，然后寻找突破口并找到潜在的大数据应用场景。

11.3.1 大数据在医疗行业的应用

医疗行业是让大数据分析最先发扬光大的传统行业之一。医疗行业拥有大量的病例、病理报告、治愈方案、药物报告等。如果这些数据可以被整理和应用将会极大地帮助医生和病人。在未来，借助于大数据平台我们可以收集不同病例和治疗方案，以及病人的基本特征，建立针对疾病特点的数据库。在医生诊断病情时可以参考疾病数据库来快速确诊。在制定治疗方案时，医生可以依据病人的基因特点，调取相似基因、年龄、人种、身体状况的有效治疗方案，制定出适合病人的治疗方案，帮助更多人及时进行治疗。同时这些数据也有利于医药行业开发出更加有效的药物和医疗器械。

11.3.2 大数据在电商行业的应用

电商是最早利用大数据进行精准营销的行业。菜鸟物流宣称的 24 小时完成在中国境内的送货就是基于客户消费习惯的大数据分析和预测。电商可以利用其交易数据和现金流数据，为其生态圈内的商户提供基于现金流的小额贷款，或把数据提供给银行，与银行合作为中小企业提供信贷支持。由于电商的数据较为集中，数据量足够大，数据种类较多，因此未来电商数据应用将会有更多的空间，包括预测流行趋势、消费趋势、地域消费特点、客户消费习惯、各种消费行为的相关度、消费热点、影响消费的重要因素等。

11.3.3 大数据在农牧行业的应用

大数据在农牧行业的应用主要是指依据未来商业需求的预测来进行农牧产品生产、降低菜贱伤农的概率。通过大数据的分析可以更加精确预测未来的天气，帮助农牧民做好自然灾害的预防工作。大数据也会帮助农民依据消费者消费习惯来决定增加或减少哪些品种的种植，同时有助于快速销售农产品，完成资金回流。牧民可以通过大数据分析来安排放牧范围，有效利用牧场。渔民可以利用大数据安排休渔期、定位捕鱼范围等。借助于大数据提供的消费趋势报告和消费习惯报告，政府将为农牧业生产提供合理引导，建议依据需求进行生产，避免产能过剩，造成不必要的资源和社会财富浪费。

11.3.4 大数据在交通行业的应用

交通作为人类行为的重要组成之一，对于大数据的需求也是最急迫的。目前，交通大数据的应用主要体现在两个方面:一方面可以利用大量传感器数据了解车辆通行密度，合理进行出行线路规划；另一方面可以利用大数据来实现即时信号灯调度，提高已有线路运行能力。机场的航班起降依靠大数据将会提高航班管理的效率，航空公司利用大数据可以提高上座率，降低运行成本。铁路利用大数据可以有效安排客运和货运列车，提高效率、降低成本。

11.3.5 大数据在教育行业的应用

信息技术已在教育领域有了越来越广泛的应用，考试、课堂、师生互动、校园设备使用、家校关系等环节都被大数据包裹。大数据可以帮助家长和教师甄别出孩子的学习差距和有效的学习方法。比如，大数据预测评估工具可以帮助学生评估他们已有的知识和达标测验所需程度的差距，进而指出学生有待提高的地方。评估工具可以让教师跟踪学生学习情况，从而找到学生的学习特点和方法。有些学生适合按部就班，有些则更适合图式信息和整合信息的非线性学习。这些都可以通过大数据搜集和分析很快识别出来，从而为教育教学提供坚实的依据。目前，在国内尤其是北京、上海、广州等一线城市，大数据在教育领域已有了非常多的应用，如慕课、在线课程、翻转课堂等就应用了大量的大数据工具。

任务 11.4 大数据隐私与安全

任务描述

小丁进行大数据在商业领域的探索学习时，看到了很多涉及数据隐私和安全的案例。比如，大数据杀熟问题、用户敏感信息泄露及被售卖问题等。大数据可以应用在各行各业，如此巨量的数据，到底存在哪些安全风险呢？其安全又是如何保障的？带着一系列的疑问，我们来学习本节内容。

任务目标

- 了解大数据应用中面临的常见安全问题和风险以及解决方案。
- 综合运用法律、监管、技术等手段强化数据安全保障体系建设。

任务实现

随着经济数字化、政府数字化、企业数字化的建设，数据已经成为政府和企业的核心资产。合资企业、跨境贸易、多厂商全球合作的模式变迁，数据开始在企业与企业之间、政府与企业之间以及国与国之间流转、融合，与此同时，数据安全问题成为行业发展过程中的一大痛点。下面我们一同看看大数据存在的五大安全问题。

11.4.1 大数据存在的安全问题

1. 分布式系统

大数据解决方案将数据和操作分布在许多系统上，以便更快地进行处理和分析。这种分布式系统可以平衡负载，并避免产生单点故障。然而，这样的系统很容易受到安全威胁，黑客只需攻击一个点就可以渗透到整个网络。因此，网络犯罪分子可以很容易获取敏感数据并破坏联网系统。

2. 数据访问

大数据系统需要访问控制来限制对敏感数据的访问，否则，任何用户都可以访问机密数据，有些用户可能将其用于恶意目的。此外，网络犯罪分子可以侵入与大数据系统相连的系统，以窃取敏感数据。因此，使用大数据的公司需要检查并验证每个用户的身份。如果公司使用不正确的身份验证方法，则可能将访问权限授予未经授权的用户或黑客。这种非法访问会危及敏感数据，而这些数据可能会在网上泄露或出售给第三方。

3. 不正确的数据

网络犯罪分子可以通过操纵存储的数据来影响大数据系统的准确性。为此，网络罪犯分子可以创建虚假数据，并将这些数据提供给大数据系统，例如，医疗机构可以使用大数据系统来研究患者的病历，而黑客可以修改此数据以生成不正确的诊断结果。这种有缺陷的结果不容易被发现，公司可能会继续使用不准确的数据。此类网络攻击会严重影响数据完整性和大数据系统的性能。

4. 侵犯隐私权

大数据系统通常包含隐私数据，这是人们非常关心的问题。拥有这些数据的企业如果对于保护公众个人隐私没有足够的意识，没有尽到相应的管理职责，甚至利用自身大数据优势主动去泄露、倒卖公民个人信息，将给公民的信息安全造成极大的困扰和危害。

5. 云安全不足

大数据系统收集的数据通常存储在云中，这可能是一个潜在的安全威胁。网络罪犯分子已经破坏了许多知名公司的云数据。如果存储的数据没有加密，并且没有适当的数据安全性，就会出现这些问题。

11.4.2 大数据安全保护的建议

目前全球已有近 100 个国家和地区制定了数据安全保护的法律，数据安全保护专项立法已成为国际惯例。我国于 2021 年正式发布《中华人民共和国数据安全法》，为大数据行业的发展保驾护航。基于目前我国大数据安全保护现状，以及大数据面临的安全风险挑战，提出以下几方面建议对策:

（1）进一步加强顶层设计。在《网络安全法》的基础上，完善数据安全保护的规章制度，明确数据在收集、使用、处理、交易、出境等各环节的安全要求。完善数据安全保护的网络安全国家标准，充分发挥标准的指导和引领作用，提升数据保护能力和水平。

（2）加强重要数据基础设施保护。建立大数据分类分级安全保护机制，结合各行业数据的敏感程度、数据脱敏与否、数据可用性要求等对大数据资产进行分类分级，采取不同级别的安全防护策略。

（3）落实网络安全责任制。明确大数据管理者和运营者的法律责任与义务。加强监督管理和风险评估，提升数据保护能力。对掌控大数据资源的单位进行大数据业务上线前安全评估，对重点产品进行在线安全监测，开展定期检查和不定期抽查，发现问题及时督促整改。

（4）加强网络安全宣传。通过国家网络安全宣传周等活动，普及网络安全知识，加强网络安全教育，提升广大网民网络安全意识和防护技能，推动形成全社会重视数据安全的良好氛围。

讨论与交流

请从国家和个人层面分别讨论大数据安全问题可能带来的后果。

单元小结

本单元主要介绍了大数据的背景、概念、特征和相关技术，结合大数据分析工具带大家体验了数据采集的过程。接着又学习了大数据的基础架构以及大数据的应用场景。最后结合实际探讨了大数据的隐私和安全问题，给出了大数据安全保护的建议。

课后习题

一、填空题

1. 大数据主要具有以下 4 个方面的典型特征，即__________、__________、__________和__________，简称 4V。

2. 大数据处理流程包括__________、__________、__________、__________、数据可视化呈现等。

3. 目前市面上有不少可用的大数据系统基础架构，最流行的有__________、__________和__________。

4. 数据分析的类型包括__________、__________和__________。

5. 目前大数据存在的 5 大安全问题是__________、__________、__________、__________和__________。

二、简答题

1. 简述大数据处理流程所包含的技术。
2. 列举大数据在各领域的应用实例。

学习笔记

12 单元 人工智能

单元导读

随着时代的发展和技术的进步，人工智能已经逐渐走进我们的生活，并应用于各个领域，它不仅给许多行业带来了巨大的经济效益，也为我们的生活带来了许多改变和便利。

人工智能是研究、开发用于模拟、延伸和扩展人的智能的理论、方法、技术及应用系统的一门新的技术科学。熟悉和掌握人工智能相关技能，是建设未来智能社会的必要条件。

本单元让我们一起了解人工智能的概念和相关技术，体验人工智能在语音控制和图像识别等方面的应用，认识人工智能对我们生活和工作的影响，为适应智慧社会做好准备。

任务 12.1 了解人工智能

任务描述

小文在一家电商企业实习，公司为了更好地服务用户，提升客户满意度和认可度，计划在自家的平台里增加智能语音客服、产品的“以图搜图”“以文搜图”等功能，并安排小文参与前期的产品调研。他查阅了很多资料，发现通过人工智能相关技术可以解决这个问题，于是他从人工智能的概念理解开始，进入了人工智能的学习历程。

任务目标

- 理解人工智能的概念和特征。
- 了解人工智能的发展历程和现状。

任务实现

12.1.1 人工智能概述

1. 什么是人工智能

人类智能伴随着人类活动处处存在，如下棋、解数学题、讨论问题、编写计算机程序、驾驶汽车等都需要智能。如果机器能执行这样的任务，就可以认为机器已具有某种性质的“智能”，这种智能是由人工手段模仿的人造智能。像许多新兴学科一样，人工智能至今尚无统一的定义，不同学科背景的学者对人工智能有不同的理解并提出了不同的观点。

中国人工智能标准化白皮书（2018 版）认为，人工智能（artificial intelligence，AI）是一个以计算机科学为基础，由计算机、心理学、哲学等多学科交叉融合的交叉学科、新兴学科，是利用数字计算机或者数字计算机控制的机器模拟、延伸和扩展人的智能，感知环境、获取知识并使用知识获得最佳结果的理论、方法、技术及应用系统。人工智能相关技术的研究目的是促使智能机器会听（如语音识别、机器翻译等）、会看（如图像识别、文字识别等）、会说（如语音合成、人机对话等）、会行动（如机器人、自动驾驶汽车等）、会思考（如人机对弈、定理证明等）、会学习（如机器学习、知识表示等）。

2. 人工智能的特征

（1）由人类设计，为人类服务，本质为计算，基础为数据。

从根本上说，人工智能系统必须以人为本，这些系统是人类设计出的机器，按照人类设定的程序逻辑或软件算法通过人类发明的芯片等硬件载体来运行或工作，其本质体现为计算，通过对数据的采集、加工、处理、分析和挖掘，形成有价值的信息流和知识模型，来为人类提供延伸人类能力的服务，来实现对人类期望的一些“智能行为”的模拟，在理想情况下必须体现服务人类的特点，而不应该伤害人类，特别是不应该有目的性地做出伤害人类的行为。

（2）能感知环境，能产生反应，能与人交互，能与人互补。

人工智能系统应能借助传感器等器件产生对外界环境（包括人类）进行感知的能力，可以像人一样通过听觉、视觉、嗅觉、触觉等接收来自环境的各种信息，对外界输入产生文字、语音、表情、动作（控制执行机构）等必要的反应，甚至影响到环境或人类。借助于按钮、键盘、鼠标、屏幕、手势、体态、表情、力反馈、虚拟现实/增强现实等方式，人与机器间可以产生交互与互动，使机器设备越来越“理解”人类乃至与人类共同协作、优势互补。这样，人工智能系统能够帮助人类做人类不擅长、不喜欢但机器能够完成的工作，而人类则适合去做更需要创造性、洞察力、想象力、灵活性、多变性乃至用心领悟或需要感情的一些工作。

（3）有适应特性，有学习能力，有演化迭代，有连接扩展。

人工智能系统在理想情况下应具有一定的自适应特性和学习能力，即具有一定的随环境、数据或任务变化而自适应调节参数或更新优化模型的能力；并且能够在此基础上通过与云、端、人、物越来越广泛深入数字化连接扩展，实现机器客体乃至人类主体的演化迭代，以使系统具有适应性、鲁棒性、灵活性、扩展性，来应对不断变化的现实环境，从而使人工智能系统在各行各业产生丰富的应用。

> **小贴示**
>
> **AI 与图灵测试**
>
> 英国著名数学家和逻辑学家、计算机和人工智能之父阿兰·图灵在 1950 年 10 月发表了一篇划时代的论文《计算机与智能》，提出了“机器能思考吗”这个问题。文中第一次提出“机器思维”的概念，预言了创造出具有真正智能机器的可能性，还对智能问题从行为主义的角度给出了定义，由此提出了一个假想：如果一台机器能够与人类展开对话（通过电传设备）而不能被辨别出其机器身份，那么称这台机器具有智能。这就是著名的“图灵测试”。
>
> 图灵测试经常用来检验机器是否具备人的智能，它最大的缺点就是没有定义智能的范围，而只能作为一个人工智能的充分条件，通过图灵测试是“拥有智能”的一个有效的充分条件，而非必要条件或充要条件。

讨论与交流

也许 AI 领域最广泛和突出的应用就是各种各样的 AI 聊天机器人了。你肯定使用过聊天机器人，即使没有意识到它的存在。当你通过计算机了解一款产品，屏幕上弹出了一个窗口，询问你是否需要帮助时；当你为了听一场音乐会，而打开智能手机，像聊天一样预约出租车时；当你通过语音发号施令，向附近的咖啡馆订购一杯咖啡，然后收到一条回复，告诉你咖啡会在何时备好，以及你需要付多少钱时，你就已经在不知不觉中享受到了聊天机器人的便利。

简单来说，聊天机器人是一种可以模拟和处理人类会话（无论是书面还是口头会话），让人能够像和真人交流一样与数字设备交互的计算机程序。得益于复杂的机器学习算法，聊天机器人可以让计算机程序来模拟人类交流，并且能够对输入的查询做出相应的反应。

对照上文介绍的人工智能的特征，分析 AI 聊天机器人是否具有这些特征。

12.1.2 人工智能的发展历程

1956 年 8 月，麦卡锡、明斯基、香农、纽厄尔等十位科学家在美国的达特茅斯学院举办了一次长达两个月的研讨会，讨论用机器来模仿人类智能的问题。会上麦卡锡提议正式使用“人工智能”这一术语。这是人类历史上第一次人工智能研讨会，标志着人工智能学科的诞生。从人工智能学科诞生至今，大致分为三个发展阶段。

1. 人工智能的推理阶段（20 世纪 50～80 年代）

这一阶段人工智能刚诞生，基于抽象数学推理的可编程数字计算机已经出现，符号主义快速发展，机器学习领域的创始人 Arthur Samuel（亚瑟·塞缪尔）将传统的制造智能演化为通过学习能力来获取智能，推动人工智能进入了第一次繁荣期。

在该阶段机器只是具备了逻辑推理能力，并未达到智能化水平。随着计算任务的复杂性不断加大，人工智能发展一度遇到瓶颈，曾经连在人工智能研究方面颇有影响的IBM也被迫取消了该公司所有的人工智能研究。

2. 人工智能的知识工程阶段（20世纪80～90年代末）

在这一时期，专家系统开始被用来模拟人类专家的知识和经验，以解决特定领域的问题，实现了人工智能从理论研究走向实际应用、从一般推理策略探讨转向运用专门知识的重大突破。

随着人工智能的应用规模不断扩大，专家系统存在的应用领域狭窄、缺乏常识性知识、知识获取困难、推理方法单一、开发成本高等问题逐渐暴露出来，人工智能的发展又一次进入低谷期。

3. 人工智能的数据挖掘阶段（21世纪初至今）

进入21世纪由于计算能力的提升和网络技术特别是互联网技术的发展，加速了人工智能的创新研究，促使人工智能技术进一步走向实用化。到了2010之后，随着大数据、云计算、互联网、物联网等信息技术的发展，泛在感知数据和图形处理器等计算平台推动以深度学习为代表的人工智能技术飞速发展，并在很多应用领域取得了突破性进展，人工智能迎来了又一个繁荣时期。

讨论与交流

棋类游戏一直被视为顶级人类智力及人工智能的试金石，人工智能与人类棋手的对抗一直在上演。关于人工智能与人类在棋类游戏方面进行较量的故事也反映了人工智能发展的脉络。通过阅读下面的故事，尝试对比探讨“深蓝”、AlphaGo、AlphaGo Zero的不同。

在围棋人机大战之前的历史上，最著名的人机大战要数1996年国际象棋世界冠军加里·卡斯帕罗夫对国际象棋人工智能程序“深蓝”的比赛，此后，国际象棋顶尖棋手对战国际象棋顶级人工智能逐渐再很少有胜绩，围棋成了人类智力游戏最后的一块高地。

2016年3月，谷歌下属公司Deepmind开发的基于“深度学习”的人工智能机器人AlphaGo与围棋世界冠军、职业九段棋手李世石进行围棋人机大战，以4∶1的总比分获胜；2017年初，该程序在中国棋类网站上以“大师”（Master）为注册账号与中日韩数十位围棋高手进行快棋对决，连续60局无一败绩；2017年5月，在中国乌镇围棋峰会上，它与排名世界第一的世界围棋冠军柯洁对战，以3∶0的总比分获胜。Alphago之父曾说，Alphago高超的棋艺“来自成百万的业余围棋比赛”。

2017年10月，谷歌下属公司Deepmind公布新版阿尔法围棋，AlphaGo Zero。AlphaGo Zero从空白状态起，在无任何人类输入的条件下，能够迅速自学围棋，并以100∶0的战绩击败AlphaGo。

12.1.3　我国人工智能的发展

我国的人工智能研究起步较晚。纳入国家计划的“智能模拟”的研究始于 1978 年。1984 年召开了智能计算机及其系统的全国学术讨论会。1986 年起把智能计算机系统、智能机器人和智能信息处理（含模式识别）等重大项目列入国家高技术研究“863 计划”。1997 年起，又把智能信息处理、智能控制等项目列入国家重大基础研究“973 计划”。进入 21 世纪后，在制定的《国家中长期科学和技术发展规划纲要（2006—2020 年)》中，“脑科学与认知科学”已列入八大前沿科学问题之一。国务院于 2017 年 7 月 8 日印发并实施《新一代人工智能发展规划》，将发展新一代人工智能上升至国家战略高度。

经过多年的持续积累，我国在人工智能领域取得重要进展。

在科技领域，中国的科技工作者取得了很多具有国际领先水平的创造性成果，国际科技论文发表量和发明专利授权量已居世界第二，部分领域核心关键技术实现重要突破，尤以吴文俊院士关于几何定理证明的“吴氏方法”最为突出，已在国际上产生重大影响，并荣获 2001 年国家科学技术最高奖励。现在，我国已有数以万计的科技人员和大学师生从事不同层次的人工智能研究与学习。

在应用领域，语音识别、视觉识别技术世界领先，自适应自主学习、直觉感知、综合推理、混合智能和群体智能等初步具备跨越发展的能力，中文信息处理、智能监控、生物特征识别、工业机器人、服务机器人、无人驾驶逐步进入实际应用，人工智能创新创业日益活跃，一批龙头骨干企业加速成长，在国际上获得广泛关注和认可。

人工智能的研究与应用已在我国深入开展，它必将为促进其他学科的发展和我国的现代化建设作出新的重大贡献。

任务 12.2　了解人工智能关键技术和开发平台

任务描述

小文同学通过对人工智能概念和发展历程的学习，知道了人工智能是一门应用场景丰富且非常实用、有趣的新兴交叉学科。这引起了他极大的学习兴趣。但是对于目前的小文来说，他还是觉得人工智能太“高大上”，于是决定先对人工智能的关键技术做些了解，再看看是否有可以实际操作的平台进行实践。

任务目标

- 通过思维导图总体了解人工智能的关键技术，并重点学习机器学习、计算机视觉、自然语言处理。
- 了解国家新一代人工智能开放创新平台；了解市场主流的人工智能开发框架及工具。

任务实现

12.2.1 人工智能关键技术

随着人工智能技术不断发展，以深度学习为代表的机器学习算法，以及语音识别、自然语言处理、计算机视觉、知识图谱等各方面技术均取得显著进步。人工智能的关键技术包括机器学习、计算机视觉、自然语言处理等多个方面，如图 12.2.1 所示。

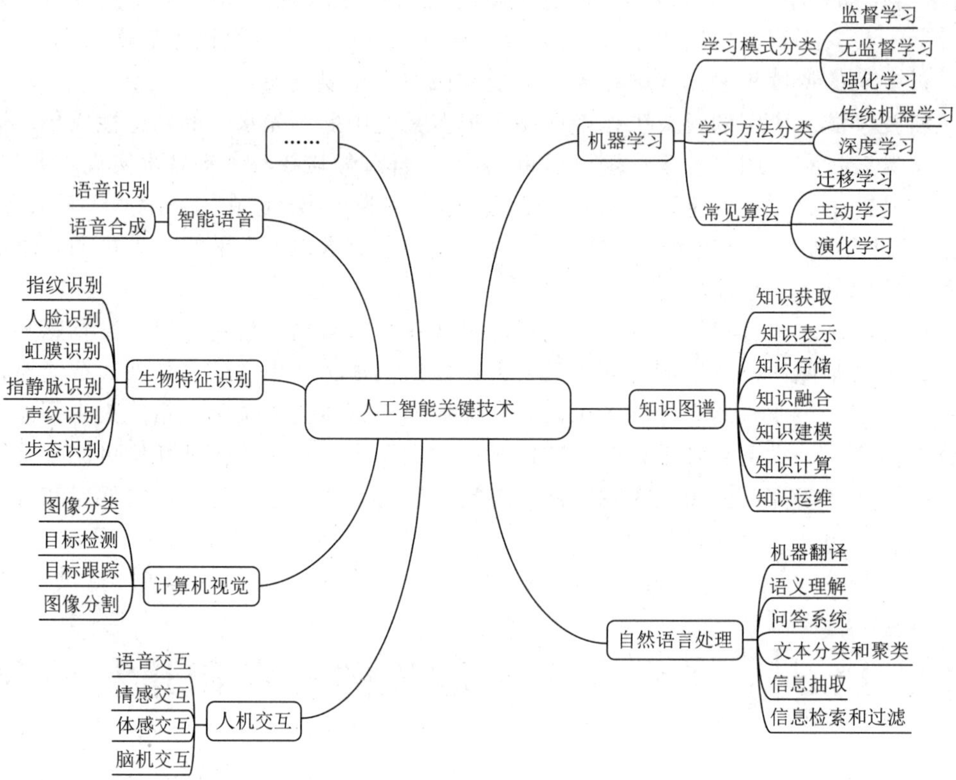

图 12.2.1 人工智能关键技术

1. 机器学习

机器学习（machine learning）是一门涉及概率论与数理统计、数学分析、逼近理论、神经网络、最优化理论、计算机科学、脑科学等诸多领域的交叉学科，是研究计算机怎样模拟或实现人类的学习行为，以获取新的知识或技能，重新组织已有的知识结构使之不断改善自身的性能，是人工智能技术的核心。

根据学习模式、学习方法以及算法的不同，机器学习存在不同的分类方法。

（1）根据学习模式将机器学习分类为监督学习、无监督学习和强化学习等。

① 监督学习。正如人们通过已知病例学习诊断技术那样，计算机可以通过学习之前已有的经验获得识别各种事物和现象的能力。监督学习是利用已标记的有限训练数据集，通过某种学习策略建立一个模型，实现对新数据的标记（分类）。最典型的监督学习算法包括回归和分类。监督学习要求训练样本的分类标签已知，分类标签精确度越高，样本越具有代表性，学习模型的准确度越高。监督学习在自然语言处理、信息检索、文本挖掘、手写体辨识、垃圾邮件侦测等领域获得了广泛应用。

② 无监督学习。现实生活中常常会有这样的问题：缺乏足够的先验知识，因此难以人工标注类别或进行人工类别标注的成本太高，但是我们同样希望计算机能代替我们完成工作，或至少提供一些帮助。无监督学习就是利用无标记的有限数据描述隐藏在未标记数据中的结构/规律，最典型的非监督学习算法包括单类密度估计、单类数据降维、聚类等。无监督学习不需要训练样本和人工标注数据，便于压缩数据存储、减少计算量、提升算法速度，还可以避免正、负样本偏移引起的分类错误问题。无监督学习主要用于经济预测、异常检测、数据挖掘、图像处理、模式识别等领域，例如组织大型计算机集群、社交网络分析、市场分割、天文数据分析等。

③ 强化学习。驯兽师敲锣，训练猴站立敬礼，如果猴完成了站立敬礼的动作，就会获得一定的食物奖励，如果没有完成或者完成得不对，就没有食物奖励甚至是鞭子抽打，时间久了，每当驯兽师敲锣，猴子自然而然地就知道要站立敬礼，强化学习理论的诞生就来自这类行为主义心理学的启发。强化学习是智能体（Agent）以“试错”的方式进行学习，通过与环境进行交互获得的奖赏指导行为，目标是使智能体获得最大的奖赏，如果 Agent 的某个行为策略导致环境正的奖赏（强化信号），那么 Agent 以后产生这个行为策略的趋势便会加强。由于外部环境提供的信息很少，强化学习系统必须靠自身的经历进行学习。强化学习在机器人控制、无人驾驶、下棋、工业控制等领域获得成功应用。

（2）根据学习方法可以将机器学习分为传统机器学习和深度学习。

传统机器学习相关算法包括逻辑回归、隐马尔科夫方法、支持向量机方法、K 近邻方法、三层人工神经网络方法、贝叶斯方法和决策树方法等。传统机器学习算法依赖人工设计特征，并进行特征提取，比如在做用户分类时，需要人工提取用户年龄、性别、学历、兴趣、对商品的浏览时间等特征。传统机器学习平衡了学习结果的有效性与学习模型的可解释性，为解决有限样本的学习问题提供了一种框架。传统机器学习方法共同的重要理论基础之一是统计学，在自然语言处理、语音识别、图像识别、信息检索和生物信息等许多计算机领域获得了广泛应用。

深度学习又称深度神经网络（指层数超过 3 层的神经网络），是机器学习研究中的一个新兴领域。深度学习模仿人类大脑的运行方式，从经验中学习获取知识。深度学习方法不需要人工特征提取，而是依赖算法自动提取特征，单纯追求学习的有效性，这也是深度学习被看做黑盒子、可解释性差的原因。经过多年的摸索尝试和研究，已经产生了诸多深度神经网络的模型，其中卷积神经网络、循环神经网络是两类典型的模型。卷积神经网络常被应用于空间性分布数据；循环神经网络在神经网络中引入了记忆和反馈，常被应用于时间性分布数据。

图 12.2.2 为传统机器学习过程与深度学习过程的对比。

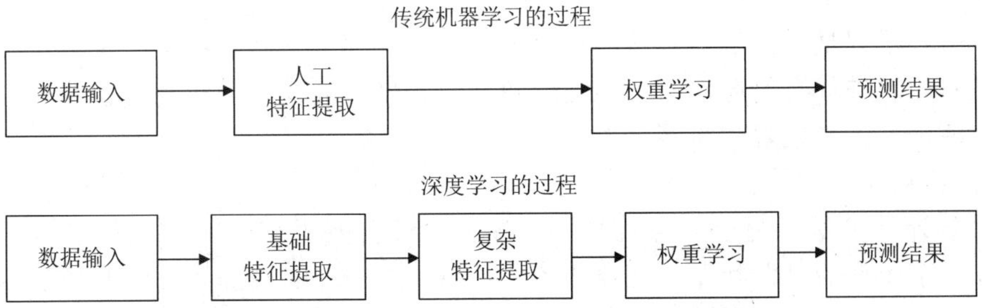

图 12.2.2　传统机器学习过程与深度学习过程的对比

此外，机器学习的常见算法还包括迁移学习、主动学习和演化学习等。

2. 计算机视觉

视觉是人类强大的感知方式，它为人们提供了关于周围环境的大量信息，使人们能有效地与周围环境进行交互。据统计，人类从外界接收的各种信息中 80%以上是通过视觉获得的，人类有 50%的大脑皮层参与视觉功能运转。计算机视觉是使用计算机模仿人类视觉系统的科学，让计算机拥有类似人类提取、处理、理解和分析图像以及图像序列的能力。根据解决的问题，计算机视觉可分为计算成像学、图像理解、三维视觉、动态视觉和视频编解码 5 大类。

1）计算成像学

计算成像学是探索人眼结构、相机成像原理以及其延伸应用的科学。计算成像学可以提升相机的能力，从而通过后续的算法处理使在受限条件下拍摄的图像更加完善，如图像去噪、去模糊、暗光增强、去雾霾、软件虚化、超分辨率等。

2）图像理解

图像理解是通过用计算机系统解释图像，实现类似人类视觉系统理解外部世界的一门科学。目前图像理解算法已逐渐广泛应用于人工智能系统，如刷脸支付、智慧安防、图像搜索等。

3）三维视觉

三维视觉即研究如何通过视觉获取三维信息（三维重建）以及如何理解所获取的三维信息的科学。三维视觉技术可以广泛应用于机器人、无人驾驶、智慧工厂、虚拟/增强现实等方向。

4）动态视觉

动态视觉即分析视频或图像序列，模拟人处理时序图像的科学。动态视觉研究被广泛应用在视频分析以及人机交互等方面。

5）视频编解码

视频编解码是指通过特定的压缩技术，将视频流进行压缩。视频压缩编码主要分为两大类：无损压缩和有损压缩。其中有损压缩的应用范围广泛，如视频会议、可视电话、视频广播、视频监控等。

3. 自然语言处理

自然语言是指汉语、英语、德语、俄语等人们日常使用的语言，是自然而然地随着人类社会发展演变而来的语言，而不是人造的语言（如 C 语言、Python 语言）。自然语言是人类交流和思维的主要工具。

自然语言处理是一门融语言学、计算机科学、数学于一体的科学，研究人与计算机之间用自然语言进行有效通信的各种理论和方法。自然语言处理涉及的领域较多，主要包括机器翻译、语义理解和问答系统等。

1）机器翻译

机器翻译技术是指利用计算机技术实现从一种自然语言到另外一种自然语言的翻译过程。基于统计的机器翻译方法突破了之前基于规则和实例翻译方法的局限性，翻译性能取得巨大提升。基于深度神经网络的机器翻译在日常口语等一些场景的成功应用已经显现出了巨大的潜力。随着上下文的语境表征和知识逻辑推理能力的发展，自然语言知识图谱不断扩充，机器翻译将会在多轮对话翻译及篇章翻译等领域取得更大进展。

2）语义理解

语义理解技术是指利用计算机技术实现对文本篇章的理解，并且回答与篇章相关问题的过程。语义理解更注重于对上下文的理解以及对答案精准程度的把控。语义理解技术在智能客服、产品自动问答等相关领域发挥着重要作用，起到了提高问答与对话系统的精度的作用。在数据采集方面，语义理解通过自动构造数据方法和自动构造填空型问题的方法来有效扩充数据资源。为了解决填充型问题，一些基于深度学习的方法相继提出，如基于注意力的神经网络方法。当前主流的模型是利用神经网络技术对篇章、问题建模，对答案的开始和终止位置进行预测，抽取出篇章片段。对于进一步泛化的答案，处理难度进一步提升，目前的语义理解技术仍有较大的提升空间。

3）问答系统

问答系统分为开放领域的对话系统和特定领域的问答系统。问答系统技术是指让计算机像人类一样用自然语言与人交流的技术。人们可以向问答系统提交用自然语言表达的问题，系统会返回关联性较高的答案。尽管问答系统目前已经有了不少应用产品出现，但大多是在实际信息服务系统和智能手机助手等领域中的应用，在问答系统鲁棒性方面仍然存在着问题和挑战。

12.2.2　常用人工智能开放平台、框架和工具

1. 国内人工智能开放创新平台

国家新一代人工智能开放创新平台相关信息如表 12.2.1 所示。

表 12.2.1　国家新一代人工智能开放创新平台相关信息

企业名称	国家新一代人工智能开放创新平台建设领域	人工智能开放平台网址
百度	自动驾驶	https://ai.baidu.com/
阿里云	城市大脑	https://ai.aliyun.com/
腾讯	医疗影像	https://ai.qq.com/
科大讯飞	智能语音	https://www.xfyun.cn/
商汤集团	智能视觉	https://www.sensetime.com/cn
依图科技	视觉计算	https://speech.yitutech.com/
明略科技	营销智能	https://www.mininglamp.com/
华为	基础软硬件	https://www.huaweicloud.com/
中国平安	普惠金融	http://api.pingan.com.cn/
海康威视	视频感知	https://www.faceplusplus.com.cn/
京东	智能供应链	http://neuhub.jd.com/dev
旷视科技	图像感知	https://www.megvii.com/
360 奇虎	安全大脑	http://ai.360.cn/
好未来	智慧教育	https://ai.100tal.com/
小米	智能家居	http://ai.mi.com/

2. 开发框架及工具

人工智能开发框架实现了对人工智能算法的封装，可以大幅提高人工智能普及速度和开发应用效率，如今人工智能的实现也已经很难离开开发框架及相关工具。常用人工智能开发框架如表 12.2.2 所示。

表 12.2.2 常用人工智能开发框架

框架名称	维护方	支持语言	官网/源码地址
PaddlePaddle（飞桨）	百度	C++/Python	https://www.paddlepaddle.org.cn/
MindSpore	华为	Python	https://www.mindspore.cn/
TensorFlow	谷歌	C++/Python/Java/R 等	https://www.tensorflow.org/
Caffe2	BVLC	C++/Python/Matlab	https://github.com/BVLC/caffe
PyTorch	Facebook	C/C++/Python	https://github.com/pytorch/pytorch
CNTK	Microsoft	C++/Python/C#/.NET/Java/R	https://github.com/Microsoft/CNTK

实践与体验

一、体验科大讯飞开放平台

第一步：注册成为开发者。

进入讯飞开放平台（www.xfyun.cn）快捷登录页，通过微信扫码、手机快捷登录，即可快速成为讯飞开放平台注册开发者。或进入讯飞开放平台注册页，注册完整的开放平台账号，成为讯飞开放平台注册开发者。

第二步：创建应用。

登录平台后，通过右上角“控制台”按钮，或通过右上角下拉菜单的“我的应用”进入控制台。若你的账户未曾创建过应用，可以根据引导创建第一个应用，如图 12.2.3 所示。

图 12.2.3 创建应用

应用创建完成之后，可以通过左侧的服务列表，选择要使用的服务。在服务管理面板中，可以看到这个服务对应的可用量、历史用量、服务接口的验证信息，还有可以调用的 API 和 SDK。

第三步：获取 API 接口或下载 SDK 体验测试。

在进入控制台对应的服务管理页之后，就可以通过下载 SDK 或者获取 WebAPI 接口，接入 AI 服务做测试了，如图 12.2.4 所示。

图 12.2.4　体验测试

二、使用百度飞桨完成手写数字识别任务

输入手写数字的图片，通过百度飞桨可识别出这个图片中的数字。其中用到的数据集为 MNIST 手写数字数据集，该数据集用于训练和测试模型，包含 60000 张训练图片、10000 张测试图片以及对应的分类标签文件，每张图片上是一个 0～9 的手写数字，分辨率为 28×28。部分图像和对应的分类标签如图 12.2.5 所示。

图 12.2.5　手写数字图片

第一步：安装飞桨。

（1）下载并安装 Anaconda（https://www.anaconda.com/），如图 12.2.6 所示。

（2）创建“paddle_env”环境。打开 Anaconda 的 CMD.exe Prompt，通过以下命令，根据具体的 Python 版本创建并进入 Anaconda 虚拟环境：

```
conda create -n paddle_env python=3.8
activate paddle_env
```

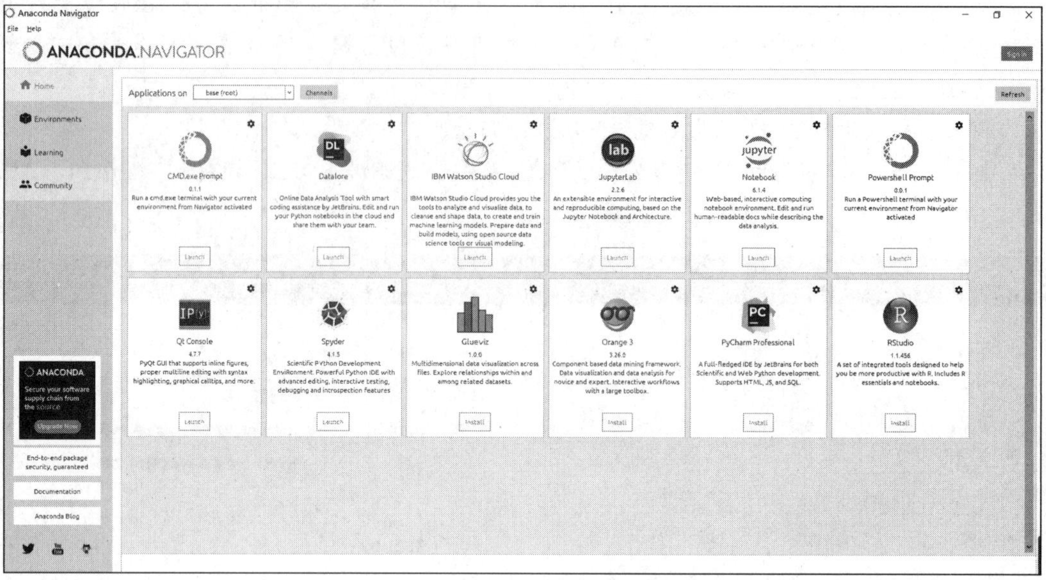

图 12.2.6　下载并安装 Anaconda

（3）检查环境，通过以下命令，检查 Python 安装路径及版本、系统环境：

```
where python
python --version
python -c "import platform; print(platform.architecture()[0]); print
(platform.machine())"
```

（4）安装飞桨（PaddlePaddle）。通过以下命令安装 CPU 版的 PaddlePaddle，如果计算机有 NVIDIA® GPU，也可以通过相关命令安装 GPU 版的 PaddlePaddle：

```
conda install paddlepaddle==2.3.0 --channel https://mirrors.tuna.
tsinghua.edu.cn/anaconda/cloud/Paddle/
```

（5）验证安装。安装完成后使用 Python 进入 Python 解释器，输入 import paddle，再输入 paddle.utils.run_check()，如果出现 installed successfully，说明已成功安装，如图 12.2.7 所示。

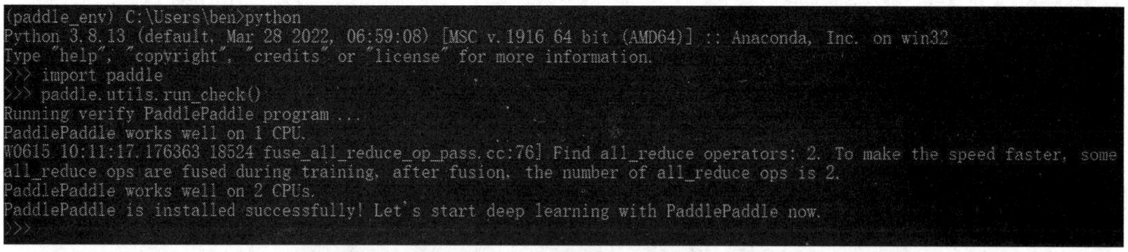

图 12.2.7　安装成功界面

第二步：安装 Spyder 应用、matplotlib 库和 numpy 库。

在 Anaconda 的“paddle_env”环境中安装 Spyder 应用、matplotlib 库和 numpy 库。Spyder 是 Python 的集成开发环境，matplotlib 库用于可视化图片，numpy 库用于处理数据，如图 12.2.8 所示。

第三步：执行代码，观察程序运行过程和结果。

打开在 Anaconda 的“paddle_env”环境中的 Spyder 应用，拷贝下面的完整代码到 Spyder 中运行，观察程序运行过程和结果，如图 12.2.9 所示。

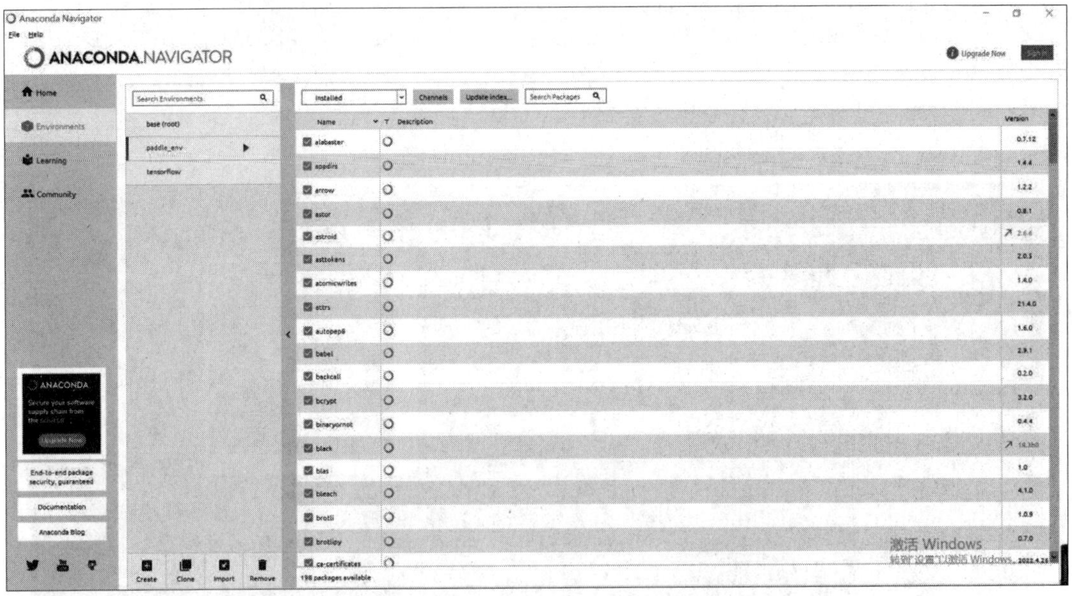

图 12.2.8　安装 Spyder 应用、matplotlib 库和 numpy 库

```
import paddle
import numpy as np
from paddle.vision.transforms import Normalize

transform = Normalize(mean=[127.5], std=[127.5], data_format='CHW')
# 下载数据集并初始化 DataSet
train_dataset = paddle.vision.datasets.MNIST(mode='train', transform=
transform)
test_dataset = paddle.vision.datasets.MNIST(mode='test', transform=
transform)
# 模型组网并初始化网络
lenet = paddle.vision.models.LeNet(num_classes=10)
model = paddle.Model(lenet)
# 模型训练的配置准备，准备损失函数，优化器和评价指标
model.prepare(paddle.optimizer.Adam(parameters=model.parameters()),
              paddle.nn.CrossEntropyLoss(),
              paddle.metric.Accuracy())
# 模型训练
model.fit(train_dataset, epochs=5, batch_size=64, verbose=1)
# 模型评估
model.evaluate(test_dataset, batch_size=64, verbose=1)
# 保存模型
model.save('./output/mnist')
# 加载模型
model.load('output/mnist')
# 从测试集中取出一张图片
img, label = test_dataset[0]
# 将图片 shape 从 1*28*28 变为 1*1*28*28，增加一个 batch 维度以匹配模型输入
格式要求
img_batch = np.expand_dims(img.astype('float32'), axis=0)
# 执行推理并打印结果，此处 predict_batch 返回的是一个 list，取出其中数据获
得预测结果
out = model.predict_batch(img_batch)[0]
```

```
pred_label = out.argmax()
print('true label: {}, pred label: {}'.format(label[0], pred_label))
# 可视化图片
from matplotlib import pyplot as plt
plt.imshow(img[0])
```

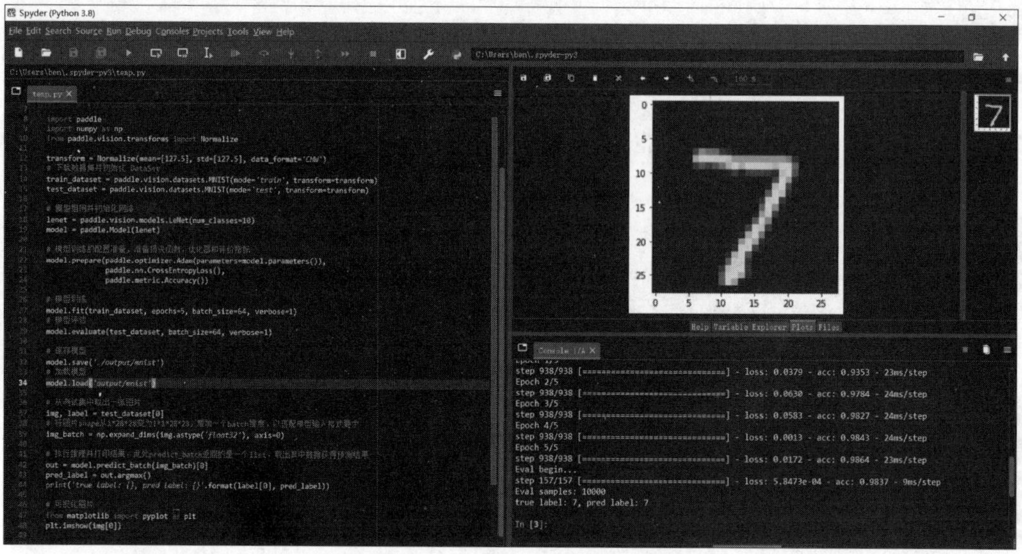

图 12.2.9 程序运行过程和结果

任务 12.3 人工智能的应用场景

任务描述

小文同学通过对人工智能关键技术的学习，知道了实现他们本次任务需要哪些人工智能技术，并根据现有的人工开放平台和开发框架，协助同事制订了实现方案，得到了领导和同事的认可。工作在其他领域的同事们，知道了小文有关“人工智能”的工作业绩后，他们又一起展开了人工智能在不同领域的应用探讨。

任务目标

- 了解人工智能在汽车智能驾驶、智能生物信息处理领域等不同领域的应用，并关注人工智能的安全、伦理和隐私问题。

任务实现

如今人工智能技术与各行业的深度融合，细分领域众多、领域交叉性强，呈现出相互促进、繁荣发展的态势。由于篇幅有限，本节重点介绍人工智能在汽车智能驾驶和生物信息处理中的应用，以及我们研究和应用人工智能时，需要注意的安全、伦理和隐私方面的问题。

12.3.1 汽车智能驾驶

1. 什么是汽车智能驾驶

汽车智能驾驶具有“智慧”和“能力”两层含义，所谓“智慧”是指汽车能够像人一样智能地感知、综合、判断、推理、决断和记忆；所谓“能力”是指智能汽车能够确保“智慧”的有效执行，可以实施主动控制，并能够进行人机交互与协同。自动驾驶是智慧和能力的有机结合，二者相辅相成，缺一不可。

2. 智能驾驶相关技术

为实现“智慧”和“能力”两方面内容，自动驾驶技术一般包括环境感知、决策规划和车辆控制三大部分。

1）环境感知

环境感知作为“环境感知—决策规划—车辆控制”过程的第一环节，处于智能驾驶车辆与外界环境信息交互的关键位置，其关键在于使智能驾驶车辆更好地模拟人类驾驶员的感知能力，从而理解自身和周边的驾驶态势。智能驾驶车辆需要获取和处理的环境感知包括交通状态感知和车身状态感知。

2）决策规划

决策规划是自动驾驶的关键部分之一，它首先融合多传感信息，然后根据驾驶需求进行任务决策，最后在能避开可能存在的障碍物前提下，通过一些特定的约束条件，规划出两点间多条可选安全路径和，并在这些路径中选取一条最优的路径作为车辆行驶轨迹。

3）车辆控制

智能驾驶汽车的车辆控制技术旨在环境感知技术的基础之上，根据决策规划出目标轨迹，通过纵向和横向控制系统的配合使汽车能够按照跟踪目标轨迹准确稳定行驶，同时使汽车在行驶过程中能够实现车速调节、车距保持、换道、超车等基本操作。

12.3.2 智能生物信息处理

近年来，伴随着生物技术的飞速发展，海量的生物医学大数据快速积累。这些数据包含了极其重要的信息，为研究生命奥秘、生命活动本质以及生命产生和发展规律提供了契机。各类人工智能技术的出现大大促进了生物信息处理的速度和精度。下面介绍人工智能技术在生物信息领域常见的一些应用。

1. 疾病智能诊断

早在 20 世纪 70 年代，研究人员通过模拟人类专家解决医学问题的方法，研发了多种类型的专家系统，这些专家系统在特定的领域中已经被证实可达到人类专家的水平。随着人工智能的发展，神经网络特别是深度神经网络在疾病智能诊断中得到了广泛的应用。使用深度神经网络系统结合人口统计学数据、病理数据、临床数据以及影像数据对患者疾病进行智能鉴别诊断，使用神经网络综合分析患者各项数据的分类准确性较单纯影像更高。人工智能技术除了能鉴别诊断疾病，还能应用于 CT 图像的三维分割。在一些肿瘤的三维分割中，人工智能可以区分肿瘤组织和非肿瘤组织并自动拟合肿瘤边界，重建肿瘤三维模型，计算肿瘤体积。

2. 药物开发

由于机器学习方法的发展以及化学和药理学数据的积累，人工智能技术作为一种数据驱动的计算方法，在药物设计领域已发展成熟。近年来，深度学习模型由于其强大的通用性和特征提取能力，在药物开发中显示出广阔的前景。传统的机器学习方法采用人工设计的特征，而深度学习方法可以从输入数据中自动学习特征，通过多层特征提取，将简单特征转化为复杂特征。此外，深度学习方法的生成误差较小，使其在一些基准测试或竞争测试中获得更令人满意的结果。

除了我们介绍的疾病智能诊断、药物开发，人工智能在非编码 RNA、宏基因组、生物网络、基因编辑、基因组分析等生物信息领域都有着广泛的应用。

实践与体验

人工智能发展到现在，人机对弈、智能家居、同声传译、人工智能生活助手等如雨后春笋般层出不穷，请找出身边的人工智能应用，并尝试说明其采用的具体人工智能技术。

12.3.3 人工智能的安全、伦理和隐私

人工智能作为一门新技术尚处于初期发展阶段，该领域的安全、伦理、隐私的政策、法律和标准问题值得关注。

1. 人工智能的安全问题

人工智能最大的特征是能够实现无人类干预的，基于知识并能够自我修正地自动化运行。在开启人工智能系统后，人工智能系统的决策不再需要操控者进一步的指令，这种决策可能会产生人类预料不到的结果。设计者和生产者在开发人工智能产品的过程中可能并不能准确预知某一产品会存在的可能风险。因此，对于人工智能的安全问题不容忽视。

2. 人工智能的伦理问题

人工智能是人类智能的延伸，也是人类价值系统的延伸。在其发展的过程中，应当包含对人类伦理价值的正确考量。设定人工智能技术的伦理要求，要依托于社会和公众对人工智能伦理的深入思考和广泛共识，并遵循一些共识原则。

3. 人工智能的隐私问题

人工智能近期的发展是建立在大量数据的信息技术应用之上，不可避免地涉及个人信息的合理使用问题，人工智能技术的发展也让侵犯个人隐私（的行为）更为便利，因此我们应当遵守相关法律和标准，并为个人隐私采取更强有力的保护。

讨论与交流

著名物理学家霍金曾多次针对人工智能表达自己的观点，他认为人工智能可能让人类的生活更加美好，也有可能给人类带来巨大的灾难。请探讨人工智能发展给人类带来的利益和弊端。

单元小结

本单元主要介绍了人工智能的概念和相关技术，体验了人工智能在语音控制和图像识别等方面的应用，认识人工智能对我们生活和工作的影响。

课后习题

一、单选题

1. 人工智能是一门（　　）。
   A. 数学和生理学学科　　B. 心理学和生理学学科
   C. 语言学学科　　D. 综合性的交叉学科和边缘学科
2. 人工智能的目的是让机器能够（　　），以实现某些脑力劳动的机械化。
   A. 具有完全的智能　　B. 和人脑一样考虑问题
   C. 完全代替人　　D. 模拟、延伸和扩展人的智能
3. 人工智能诞生于（　　）年。
   A. 1946　　B. 1956　　C. 1966　　D. 1976
4. 关于人工智能，叙述不正确的是（　　）。
   A. 人工智能是 20 世纪 50 年代才开始的一项技术，还没有得到应用
   B. 人工智能是科学技术发展的趋势
   C. 人工智能与其他科学技术相结合，极大地提高了应用技术的智能化水平
   D. 人工智能有力地促进了社会的发展
5. 关于人工智能系统，表述不正确的是（　　）。
   A. 由人类设计，为人类服务，本质为计算，基础为数据
   B. 能感知环境，能产生反应，能与人交互，能与人互补
   C. 任何计算机程序都具有人工智能
   D. 有一定的自适应特性和学习能力

6. 2017 年 5 月，在中国乌镇围棋峰会上，基于（　　）的人工智能机器人 AlphaGo 战胜了排名世界第一的世界围棋冠军柯洁。

A. 人工思维　B. 模式识别　C. 深度学习　D. 专家系统

7. 机器学习从不同的角度，有不同的分类方式，以下不属于按学习模式分类的是（　）。

A. 监督学习　B. 无监督学习　C. 强化学习　D. 函数学习

8. 机器翻译属于（　）领域的应用。

A. 计算机视觉　B. 自然语言处理

C. 专家系统　D. 数据挖掘

9. 不是自然语言处理要实现的目标的是（　）。

A. 欣赏音乐

B. 机器翻译

C. 对自然语言表示的信息进行分析概括或编辑

D. 理解别人讲的话

10.（　）与其他 3 个属于不同人工智能应用领域。

A. 图像识别与分类　B. 医学影像分析

C. 语音识别　D. 人脸识别

11. 以下不属于人工智能在计算机视觉领域应用的是（　）。

A. 车站人脸识别进站　B. 实时字幕

C. 拍照识别植物　D. 医疗影像诊断

12. 以下不是专家系统组成部分的是（　）。

A. 用户　B. 综合数据库

C. 推理机　D. 知识库

13 单元 云计算

单元导读

信息技术的发展，使人们对数据的存储、运算、便捷操作等方面的要求越来越高。在这种情况下，新的计算模式进入了人们的学习、生活和工作，它就是被誉为第三次信息技术革命的"云计算"。云计算(cloud computing)技术自诞生以来，深刻地改变了我们的生活，影响着整个信息技术产业。云计算所创造的按需取用、按需付费的商业模式不但延伸到了IT之外的产业，而且影响了众多企业的经营思维。

本单元包含云计算基础知识和模式、技术原理、主流产品和应用等内容。

任务 13.1 认识云计算

任务描述

小樊同学组织了线上同学聚会活动以后，把活动视频进行了剪辑，准备把视频文件传给同学，无奈文件太大，传输起来不太方便。在同学的建议下，他用云盘解决了难题，感觉非常方便。云盘，是云存储系统下的一项应用。而云存储本身，又是云计算技术发展而来的一项应用。那什么是云计算呢？

任务目标

- 了解云计算的发展背景
- 了解云计算的概念。
- 了解云计算的服务形式。

任务实现

随着云计算技术的飞速发展，会有成千上万种基于云计算的服务形式出现，了解云计算的发展背景、云计算的相关概念、云计算的服务形式有助于我们加深对云计算的理解。

13.1.1 云计算产生的背景和意义

计算机的发明是20世纪最重大的事件之一，它使人类文明的进步达到了一个全新的高度。进入21世纪，互联网逐渐成为最重要的社会性基础设施。在互联网环境中，计算能力、交互能力与存储能力均可以作为服务的中心。正是互联网技术的迅猛发展与应用的深入、大众参与计算以及软件作为服务等促成了计算从单机向以互联网为中心的云计算方式演进。

2006年3月，亚马逊公司推出弹性计算云（elastic compute cloud，EC2）服务，这是现在公认的最早的云计算产品。2006年8月，Google公司首次提出云计算的概念。随后，云计算进入稳步成长阶段，2010年后逐渐形成了主流平台产品和标准。2012年，随着腾讯、淘宝、360等开放平台的兴起和阿里云、百度云、新浪云等公共云平台的迅速发展，国内云计算真正进入实践阶段，因此称2012年为“中国云计算实践元年”。

工业时代，社会化大生产通过集约化方式来优化整个社会的生产资源，同时通过专业化的服务来满足用户个性化需求。例如，制造业的社会化分工协作、软件业的外包与众包等生产方式都是通过集约化、专业化方式实现随需而变的柔性化生产。云计算正在让信息技术和信息服务实现社会化、集约化和专业化，不再需要家家买计算机、人人当软件工程师，各部门也不需要建自己专门的信息系统，让信息服务成为全社会的公共基础设施，网络变得丰富、边缘变得简单、交互更加智能。人类正进入用信息和信息技术精确调控物质和能量的时代，从而降低全社会经济的总体运维成本，推动社会向资源节约型和环境友好型发展。

13.1.2 什么是云计算

维基百科给云计算下的定义是云计算将IT相关的能力以服务的方式提供给用户，允许用户在不了解提供服务的技术、没有相关知识及设备操作能力的情况下，通过互联网获取所需服务。

狭义上讲，云计算就是一种提供资源的网络，使用者可以随时获取“云”上的资源，按需求量使用，并且可以看成是无限扩展的，只要按使用量付费就可以，“云”就像自来水厂一样，我们可以随时接水，并且不限量，按照自己家的用水量，付费给自来水厂就可以。

从广义上说，云计算是与信息技术、软件、互联网相关的一种服务，这种计算资源共享池叫作“云”。云计算把许多计算资源集合起来，通过软件实现自动化管理，只需要很少的人参与，就能让资源被快速提供。也就是说，计算能力作为一种商品，可以在互联网上流通，就像水、电、煤气一样，可以方便地取用，且价格较为低廉。

> **小贴示**
>
> 根据定义，可以这样通俗地理解：云计算的“云”是一种比喻的说法，其实就是指互联网上的服务器集群上的资源，它包括硬件资源(如存储器、CPU、网络等）和软件资源(如应用软件、集成开发环境等)，用户只需要通过网络发送一个需求信息，远端就会有成千上万的计算机为用户提供需要的资源，并将结果返回给本地设备。这样，本地客户端需要的存储和运算极少，所有的处理都由云计算服务来完成。简单地说，云计算是一种商业计算模式，它将任务分布在大量计算机构成的资源池上，用户可以按需获取存储空间、计算能力和信息等服务。

实践与体验

打开阿里云的网站（www.aliyun.com），出现如图 13.1.1 所示的界面。可以在顶部导航栏上依次单击“产品”“解决方案”“云市场”等选项查看相应的内容。

图 13.1.1　阿里云网站首页

也可以根据导航栏右上角“立即注册”按钮，进入阿里云注册界面，如图 13.1.2 所示，根据提示，完成个人账号的注册、安全设置以及实名认证。

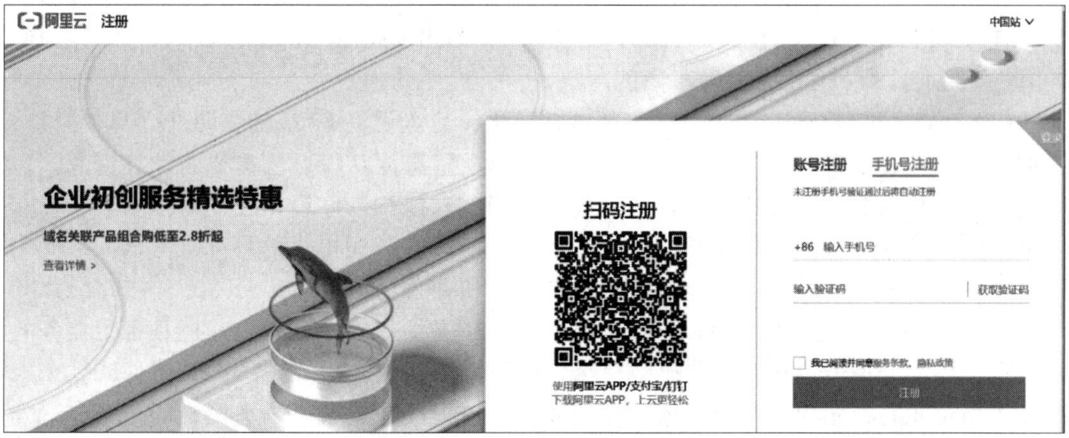

图 13.1.2　阿里云注册界面

通过阿里云平台可以看出，简单地说，云计算就是让计算、存储、网络、数据、算法、应用等软硬件资源像电一样，随时随地、即插即用。

讨论与交流

网络上有很多关于云计算概念介绍的视频，搜索学习后分享给同学，讨论一下云计算厂商和自来水厂、电厂提供的服务形式有什么异同？可参考表 13.1.1 讨论。

表 13.1.1 云服务与水、电服务的异同

分类		云服务	水、电服务
不同点	形式	丰富（多样化和多粒度）	统一
	功用	个性化（价值因受众而异）	通用
	损耗	信息不会损失	有损耗
	用户角色	双重（消费者、提供者）	单一（消费者）
	方向	双向，不受时空限制	单向，受地理位置限制
	控制	全局无规划、无统一调度	全局有规划、有统一调度
相同点		资源在网上，而不在用户端。依靠传输网络送达。按需付费，计量服务	

13.1.3 云计算的服务形式

云计算的原理说起来是比较简单的，就是把计算机资源集中起来，放在网络上。但是云计算的实现方式就比较复杂了。

举个例子，如果只是在公司小机房放一台服务器，开通 FTP 下载服务，用于公司内部员工之间的资料分享，是很简单的。但是，如果是“双 11”的淘宝购物节，全球几十亿用户访问阿里巴巴的淘宝网站，单日几十 PB（1PB=1024TB=1024×1024GB）的访问量，每秒几百 GB 的流量，就不是几根网线、几台服务器能解决的了，这种情况需要设计一个超大容量、超高并发（同时访问）、超快速度、超强安全的云计算系统，才能满足业务平稳运行的要求。这才是云计算的复杂之处。

> **小贴示**
> 这 3 类云计算服务中，IaaS 处于整个架构的底层；PaaS 处于中间层，可以利用 IaaS 层提供的各类计算资源、存储资源和网络资源来建立平台，为用户提供开发、测试和运行环境；SaaS 处于最上层，既可以利用 PaaS 层提供的平台进行开发，也可以直接利用 IaaS 层提供的各种资源进行开发。

目前，云计算的服务形式分为 3 种：IaaS（Infrastructure as a Service，基础架构即服务）、PaaS（Platform as a Service，平台即服务）、SaaS（Software as a Service，软件即服务）。这 3 种形式分别代表 3 种不同的层级。

（1）IaaS 即基础层。在这一层，通过虚拟化、动态化将 IT 基础资源（计算、网络、存储）聚合形成资源池。终端用户可以通过网络从资源池获得自己需要的计算资源，运行自己的业务系统，这当然需要付费。举例说明，以前如果你想在公司的网站上运行一些企业应用，就需要去买服务器，但现在可以租用 IaaS 公司提供的场外服务器、存储和网络硬件。这样一来，便大大地节省了维护成本和办公场地。

（2）在 IaaS 层之上的是 PaaS 层。这一层除了提供基础计算能力，还具备了业务的开发运行环境，提供包括应用代码、SDK、操作系统以及 API 在内的 IT 组件，供个人开发者和企业将相应功能模块嵌入软件或硬件，以提高开发效率。举例说明， PaaS 公司在网上提供各种开发和分发应用的解决方案，比如虚拟服务器和操作系统。

（3）最上层是 SaaS 层。SaaS 的软件是“拿来即用”的，不需要用户安装，软件升

级与维护也无须终端用户参与。同时，它还是按需使用的软件，与传统软件购买后就无法退货相较具有无可比拟的优势。生活中，几乎我们每一天都在接触 SaaS 云服务，比如，我们平时使用的手机云服务、网页中的一些云服务等。

任务 13.2 了解云计算技术

任务描述

小樊同学了解完云计算的发展背景以及服务形式等相关知识后，对于实现云计算的技术很感兴趣，希望了解云计算的服务是通过什么样的技术实现的？下面我们就一起了解云计算的实现技术吧。

任务目标

- 了解分布式存储、虚拟化技术、分布式资源管理、智能管理平台和编程模型五大云计算核心技术。
- 了解公有云、私有云、社区云、混合云四种云计算部署方式。

任务实现

云计算服务商怎么提供上述三个层次的服务呢？针对用户多种多样的需求，比如有的用户要八核 CPU、16GB 内存、500GB 硬盘的服务器，而有的用户又要装 CentOS 7.2（一种类 Linux 操作系统）、MySQL 5.5.60（一种数据库系统），云服务商是不可能让工程师去对接一个个需求的，耗不起人力，也等不起时间。于是，就有了各种软件和平台，负责对资源进行调用和管理。

13.2.1 云计算核心技术

云计算作为数据服务中心，是通过虚拟化技术构建起来的。它有五大核心技术，分别为分布式存储、虚拟化技术、分布式资源管理、智能管理平台和编程模型。

（1）分布式存储：用于将大量服务器整合为一台超级计算机，提供海量的数据存储和处理服务。它采用可扩展的系统架构，利用多台存储服务器分担存储负荷，利用位置服务器定位存储信息。

（2）虚拟化技术：是一种在软件中仿真计算机硬件，以虚拟资源为用户提供服务的计算形式，旨在合理调配计算机资源，使其更高效地提供服务。

（3）分布式资源管理：保证在多点并发执行环境中，各个节点的状态同步，并且在单个节点出现故障时，系统通过有效的机制保证其他节点不受影响。

（4）智能管理平台：具有高效调配大量服务器资源，使其更好协同工作的能力。其中，方便地部署和开通新业务，快速发现并且恢复系统故障，通过自动化、智能化手段实现大规模系统可靠的运营是云计算平台管理技术的关键。

（5）编程模型：云计算采用了一种简洁的分布式并行编程模型 Map-Reduce，主要用于数据集的并行运算和并行任务的调度处理。在该模式下，用户只需要自行编写 Map 函数和 Reduce 函数即可进行并行计算。

通过这五大核心技术，可以将分散的节点有效地整合起来，组成大规模甚至超大规模集群，在提供强大性能的同时也提升了资源的利用率，云计算技术是计算领域技术不断演进过程中的一个里程碑。

13.2.2 云计算的部署模式

不同的用户在使用云服务时，需求也各不相同。有的企业可能只需要一台服务器，而有的企业涉及数据安全，则对于隐私保密比较看重，因此面对不同的场景，云计算服务需要提供不同的部署模式。

（1）公有云：这种模式下，应用程序、资源、存储和其他服务，都由云服务供应商提供给用户，这些服务多半是免费的，也有部分按需按使用量来付费，这种模式只能使用互联网来访问和使用。同时，这种模式在私人信息和数据保护方面也比较有保证。这种部署模型通常都可以提供可扩展的云服务并能高效设置。

（2）私有云：这种模式下，云基础设施专门为某一个企业服务，不管是自己管理还是第三方管理，自己负责还是第三方托管，都没有关系。只要使用的方式没有问题，就能为企业带来很显著的帮助。相对于公有云，私有云部署在企业内部网络，其数据安全性、系统可用性都可以由自己控制，但企业需要有大量的前期投资。私有云的规模相对于公有云来说一般要小得多，无法充分发挥规模效应。

（3）社区云：这种模式是建立在一个特定的小组里多个目标相似的公司之间的，他们共享一套基础设施，所产生的成本共同承担，因此，所能实现的成本节约效果也并不很大。社区云的成员都可以登录云中获取信息和使用应用程序。

（4）混合云：混合云是两种或两种以上的云计算模式的混合体。在混合云部署模式下，公有云和私有云相互独立，但在云的内部又相互结合，可以发挥出公有云和私有云各自的优势。混合云可以使用户既享有私有云的私密性，又能有效利用公有云的廉价计算资源，从而获得最佳匹配效果，达到既省钱又安全的目的。

任务 13.3 云计算实践应用

任务描述

通过前面的学习，我们认识到云计算的重要性，未来云计算将显著影响我们的生活。云计算到底是怎么影响我们生活的呢？我们一起通过下面的学习来揭晓答案吧！

任务目标

- 了解云计算在存储、办公、物联等方面的应用。
- 了解国内外主流的云服务商及其产品。
- 依托阿里云搭建小程序。

任务实现

13.3.1 云计算应用领域

随着云计算技术的发展，云计算的应用领域也在不断扩大，“云”应用已遍及政务、金融、交通、教育、医疗等各个领域。以下介绍云计算比较典型的应用。

1. 云存储

云计算的出现使本地存储变得不再必需。用户可以将所需要的文件、数据存储在互联网上的某个地方，以便随时随地访问。云存储通过集群应用、分布式文件系统等功能，将网络中数量庞大且种类繁多的存储设备通过应用软件集合起来协同工作，共同对外提供数据存储和业务访问的功能，保证数据的安全性并节约存储空间。目前国内外发展比较成熟的云存储有很多。例如，百度网盘是百度推出的一项云存储服务，首次注册即有机会获得 2TB 的存储空间，已覆盖主流 PC 和手机操作系统，包含 Web 版、Windows 版、Mac 版、Android 版、iPhone 版和 Windows Phone 版。

讨论与交流

你用过哪些云存储产品？体验如何？与同学们交流一下吧。

2. 云办公

近年来，随着 5G、云计算、互联网等技术的发展，办公场景也发生了巨大的变化。视频会议、共享文档、在线审批等在线办公方式出现，随时随地在云端进入“办公室模式”已经成为常态，“云办公”潮流方兴未艾。目前，基于云计算的在线办公软件 Web Office 已经进入了人们的生活。例如，金山办公旗下的 WPS Office 是国内比较有代表性的云办公产品之一，用户进入 WPS 官方网站，注册账号即可体验云上办公。

3. 云物联

云物联是基于云计算技术的物物相连。云物联可以将传统物品通过传感设备感知的信息和接受的指令连入互联网中，并通过云计算技术实现数据存储和运算，从而建立起物联网。目前，云计算技术已经应用于智能家居、智能交通、工业互联网等多种场景，下面以家居“云”为例进行说明。

从技术上分析，智能家居就是一个家用的小型物联网，通过各类传感器采集信息，并通过对采集的数据信息进行分析、反馈，进而实现相应的功能。智能家居由于需要采集的信息较多，特别是一些占用存储空间较大的视频、音频信息，如何存储以及有效利用这些数据直接关系到智能家居的应用前景，云计算则为其提供一个较好的解决办法。云计算能够解决智能家居面临的两大关键问题：一是大量数据的存储、针对性地查询分析以及数据计算的问题；二是智能家居需要存储的音频和视频信息，如远程视频监控与远程对话等海量存储问题。例如，“米家系列智能开关”就是云物联产品，实现了基本的人与物交互，可以应用于家庭、办公、医院和酒店等场合，无论用户身处世界的哪个角落，都可以使用手机、平板电脑等实现场景远程控制，随时随地掌控家居照明。

13.3.2 云服务商及其产品

市场上的云计算产品、服务类型多种多样，在选择时不仅要看产品类型是否符合自身需求，还要看云产品服务商的品牌声誉、技术实力。目前国内外云服务商非常多，早期云服务市场主要被美国垄断，如亚马逊 AWS、微软 Azure 等，近年来国内云服务商发展迅速，已经占据国内外较大市场份额，知名的云服务商有阿里云、华为云、腾讯云等。

1. 国外主流云服务商及其产品

（1）亚马逊公司是做电商起步的，刚开始因为业务需要购买了许多服务器等硬件资源用于搭建电商平台，后来由于平台的计算资源出现富余，于是开始对外出租这些资源，并逐渐成为世界上最大的云计算服务公司之一。

（2）微软云端的技术绝大多数是自己的，如 Windows 操作系统、SQL Server 数据库、Office 办公软件、活动目录等。虽然微软的云计算业务起步较晚，但是它的云计算产品线极其丰富。

2. 国内主要云服务商及其产品

（1）阿里云是阿里巴巴集团旗下云计算品牌，创立于 2009 年等。阿里云拥有诸如虚拟主机、存储和虚拟网络等核心云服务产品，经过最近几年的快速发展，产品线越来越丰富，已经成长为国内最大的云服务提供商。

（2）华为云隶属于华为公司，创立于 2005 年，其主要产品包括弹性计算云、对象存储服务、桌面云等。

（3）腾讯云是腾讯公司旗下产品，于 2010 年开放平台并接入首批应用，其主要产品包括计算与网络、存储、数据库、安全、大数据、人工智能等。

讨论与交流

查阅资料，讨论以下问题：

（1）中国云计算国产自主化具有哪些必要性？

（2）中国云计算国产化的状况如何？

13.3.3 典型云服务器的搭建

与传统搭建服务器的方式相比，基于云服务器搭建方式具有较快的访问速度、便宜方便、操作升级比较便捷等优点。用户可以从服务商租赁云服务器，并根据需求进行一些基本配置操作，完成云服务器的搭建。云服务器的基本操作包括创建、配置、连接、传输、环境搭设等内容。下面以在阿里云搭建小程序为例进行操作，具体步骤如下：

（1）首先通过 https://www.aliyun.com 进入阿里云官网，使用用户名和密码完成用户登录，新用户需要先注册阿里云账号且经过实名认证。

（2）登录后进入阿里云控制台首页（图 13.3.1）。根据个人业务需求，在控制台首页下方的产品规格中选择对应的产品类型。新用户注册，可以选择免费使用 3 个月选项进行免费试用。

图 13.3.1　阿里云控制台首页

（3）通过控制台首页“管理控制台”选项进入控制台设置页面，根据向导逐步进行设置（图 13.3.2），图中列出来多种应用场景，如快速搭建网站、部署开发环境、搭建云上博客、搭建小程序、云上服务器迁移、云上高可用架构等。用户选择感兴趣的应用场景后，开启控制台。如果选择“搭建小程序”场景，则进入如图 13.3.3 所示页面，选择开始搭建，右下角会给出操作步骤提示。新用户可按提示付费创建实例或申请创建免费试用一个月的实例。创建实例时根据需要选择基础配置（如 CPU、内存等）、操作系统、网络安全配置等，设置登录凭证（即连接 ECS 实例时需要输入的用户名和密码）。

图 13.3.2　选择感兴趣的应用场景

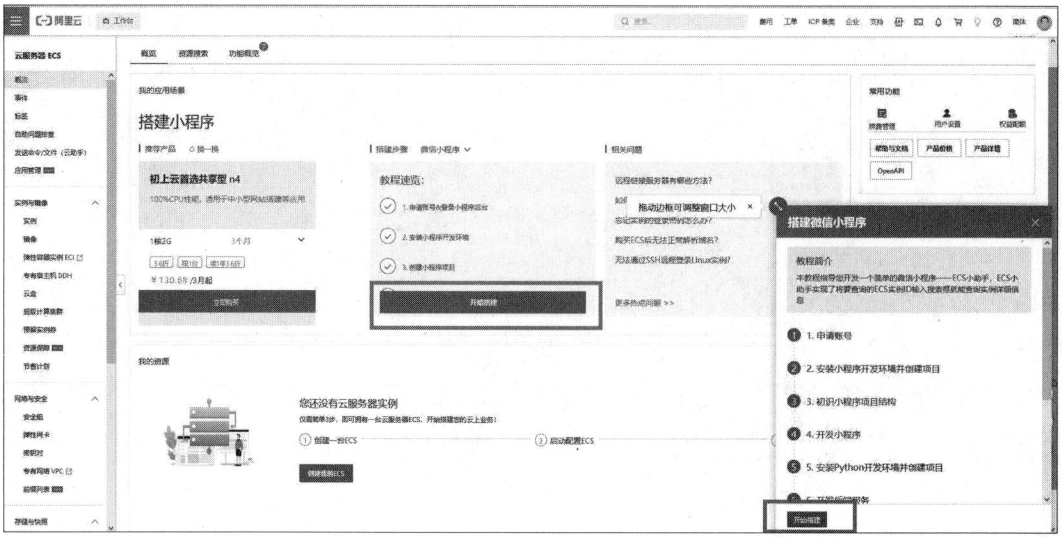

图 13.3.3 搭建小程序

（4）按照右下角的详细操作步骤逐步完成配置便可完成小程序的搭建工作。

单元小结

云计算是未来提供计算资源的主要途径之一，了解并掌握云计算相关知识，是适应未来工作生活的重要手段。本单元介绍了云计算产生的背景和意义，云计算的概念和服务形式，以及云计算的核心技术，最后介绍了云计算的应用领域，并引导读者完成了典型云服务器搭建的实践。

课后习题

一、选择题

1. 以下不属于云计算核心技术的是（　　）。

   A. 分布式存储技术　B. 虚拟化技术　C. 编程语言　D. 分布式资源管理

2. 以下不属于云计算部署方式的是（　　）。

   A. 公有云　B. 私有云　C. 混合云　D. 单一云

3. 以下关于云计算服务模式描述错误的是（　　）。

   A. IaaS 即基础层。在这一层，通过虚拟化、动态化将 IT 基础资源（计算、网络、存储）聚合形成资源池

   B. IaaS 层位于 PaaS 层以下

   C. SaaS 的软件是“拿来即用”的，不需要用户安装，软件升级与维护也无须终端用户参与

D. SaaS 层是最上层

4. 以下关于云计算的描述错误的是（　　）。

A. 云计算的“云”是一种比喻的说法，其实就是指互联网上的服务器集群上的资源

B. 云计算是一种商业计算模式，它将任务分布在大量计算机构成的资源池上，用户可以按需获取存储空间、计算能力和信息等服务

C. 云计算就是一种提供资源的网络，使用者可以随时获取“云”上的资源，按需求量使用，并且可以看成是无限扩展的，且无须付费就可以使用

D. 云计算将 IT 相关的能力以服务的方式提供给用户，允许用户在不了解提供服务的技术、没有相关知识及设备操作能力的情况下，通过互联网获取所需服务

5. 关于云计算应用领域描述错误的是（　　）。

A. 云存储可以将所需要的文件、数据存储在互联网上的某个地方，用户即使无法上网也能够随时随地访问

B. 云物联可以将传统物品通过传感设备感知的信息和接受的指令连入互联网中，并通过云计算技术实现数据存储和运算，从而建立起物联网

C. 智能家居就是一个家用的小型物联网，通过各类传感器采集信息，并通过对采集的数据信息进行分析、反馈，进而实现相应的功能

D. 云计算能够解决智能家居面临的两大关键问题：一是大量数据的存储、针对性地查询分析以及数据计算的问题；二是智能家居需要存储的音频和视频信息

二、填空题

1. 针对不同的应用场景，云计算的部署有四种，即________、________、________和________。

2. 当前云提供者可以分为三大类，即 SaaS 提供商、________提供商、________提供商。

3. ________技术是云计算系统的核心组成部分之一，是将各种计算及存储资源充分整合和高效利用的关键技术。

4. ________是基于云计算技术的物物相连，可以将传统物品通过传感设备感知的信息和接受的指令连入互联网中，并通过云计算技术实现数据存储和运算，从而建立起物联网。

5. 云计算作为数据服务中心，是通过虚拟化技术构建起来的。它有五大核心技术，分别为________、________、________、________、________。

三、简答题

1. 通过本单元所学，聊聊你理解的云计算的定义。

2. 云计算机的关键技术有哪些，至少列举 3 点。

3. 列举 3 个云计算的典型应用。

学习笔记

14 单元 现代通信技术

单元导读

通信技术是实现人与人之间、人与物之间、物与物之间信息传递的一种技术。现代通信技术将通信技术与计算机技术、数字信号处理技术等新技术相结合，其发展具有数字化、综合化、宽带化、智能化和个人化的特点。现代通信技术是大数据、云计算、人工智能、物联网、虚拟现实等信息技术发展的基础，以 5G 为代表的现代通信技术是中国新型基础设施建设的重要领域。本单元包含现代通信技术基础、5G 技术、其他现代通信技术等内容。

任务 14.1 认识通信技术

任务描述

小曹同学在外地上学，很是想念高中同学，于是通过电话、QQ、微信等方式约了几个同学进行视频聊天，他觉得现代通信技术给生活带来了很多的便利，很想研究下人们是如何进行通信的，于是他查阅了很多资料，从通信技术的概念和发展历程开始，进入了现代通信技术的学习历程。

任务目标

- 了解通信、通信技术、现代通信技术的概念。
- 了解通信技术的发展历程、历史上的重要事件。

任务实现

1. 什么是通信

通信，简单地讲，就是传递信息：我把我的信息发给你，你把你的信息发给我，这就是通信。通信的官方定义更加严谨一些，指人与人或人与自然之间通过某种行为或媒介进行的信息交流与传递。也就是说，通信不仅限于人类之间的信息交换，也包括自然万物。

任何通信行为，都可以看成是一个通信系统。而对于通信系统来说，包括以下三个要素：信源（发端设备）、信宿（收端设备）和信道（传输媒介），如图 14.1.1 所示。

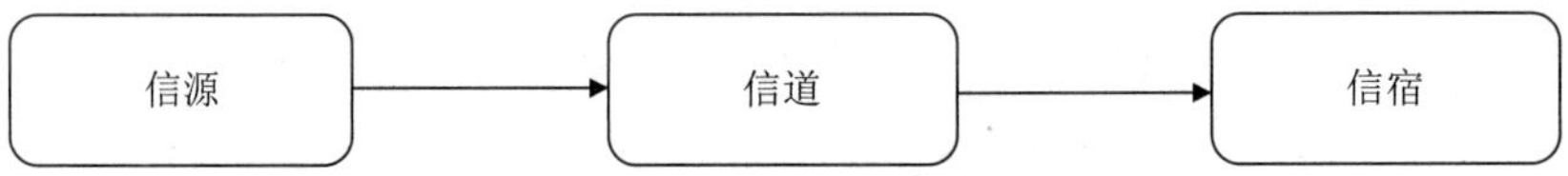

图 14.1.1 通信系统

举个简单的例子进行说明。下课时校工打铃：校工就是信源，空气就是信道，而老师和同学们就是信宿。那铃声是什么呢？铃声是信道上的信号。这个信号带有信息，信息告诉信宿：该下课了。更具体一点，振铃就是发送设备，老师和同学们的耳朵，就是接收设备，如图 14.1.2 所示。

图 14.1.2 打铃的通信过程

通信技术研究的就是从信息的源头到信息的目的地的整个过程的技术问题。其中信息的源头和目的地可以是人也可以是物，即实现人与人、人与物、物与物之间的信息传递。

2. 通信技术的发展

通信技术的发展是伴随科技的发展和社会的进步而逐步发展起来的，可以分为三个阶段。

第一阶段：语言和文字通信阶段。在这一阶段，通信方式简单，内容单一。我国古代利用烽火传送边疆警报，构成最原始的光通信系统。利用击鼓鸣金可以报送时刻或传达命令，这是声信号的传输。随着文字的出现，后来又出现了信鸽、旗语、驿站等传送信息的方法。

第二阶段：电通信阶段。到了 19 世纪，随着电磁理论的出现和成熟，通信技术终于迎来了跨越式的发展。

- 1837 年，美国人塞缪乐·莫尔斯（Samuel Morse）成功地研制出世界上第一台电磁式发报机，用电流的“通断”和“长短”代替了文字进行传送，这就是鼎鼎大名的莫尔斯电码。
- 1876 年，美国人亚历山大·贝尔（Alexander Bell）申请了电话专利，成为电话之父。这样，利用电磁波不仅可以传输文字，还可以传输语音，由此大大加快了通信的发展进程。
- 1891 年，世界上第一台步进制电话交换机出现。
- 1901 年，意大利人伽利尔摩·马可尼发明无线电设备，实现了人类历史上首次无线电通信，他被称作“无线电之父”。

第三阶段：电子信息通信阶段。

- 1958 年，苏联工程师列昂尼德·库普里扬诺维奇发明了 ЛК-1 型移动电话。这个电话虽然只能装在汽车上使用，但是已经有了移动电话的雏形。
- 1965 年，美国贝尔成功生产了世界上第一台商用程控交换机。
- 1974 年，摩托罗拉公司工程师马丁·库帕发明世界上第一部真正意义上的手机。

从此，通信技术进入了移动通信技术快速发展的时代。移动通信发展简史将在任务 14.2 中进行介绍。

讨论与交流

今天的电子邮箱已经完全取代了邮政的信件传递服务。通过邮箱，只要轻点鼠标，几秒钟之内好友就会收到你发的邮件。请根据这个案例分析现代通信技术的优点。

小贴示

什么是通信、无线通信和移动通信？

顾名思义，广义上通信就是将自己的信息传递给需要知悉的人，古代的飞鸽传书、驿站，其实都可以算作人类通信系统的鼻祖。狭义上，通信一般指现代语音、视频的相互传递，从最早的电话机，到对讲机、手机、即时通信、视频会议，都属于现代通信的范畴。无线通信，指利用电磁波传递信息的技术，移动通信是无线通信的分支，延伸到今天，就是我们正在使用的手机。

任务 14.2 移动通信技术

任务描述

小曹同学了解了通信、通信技术及通信技术发展的历程后，对于通信技术中的移动通信产生了极大的兴趣。他急于了解移动通信是怎么发展的，以及人们是如何通过手机实现通话的。

任务目标

- 了解移动通信的发展历程。
- 熟悉移动通信的工作原理。
- 了解 5G 技术的关键技术及应用场景。

任务实现

14.2.1 移动通信技术的概念

移动通信（mobile communications）是沟通移动用户与固定用户之间或移动用户之间的通信方式。移动通信是移动体之间的通信，或移动体与固定体之间的通信。移动通信技术经过第一代、第二代、第三代、第四代技术的发展，目前已经迈入了第五代发展的时代（5G 移动通信技术）。移动通信技术发展历程如图 14.2.1 所示。

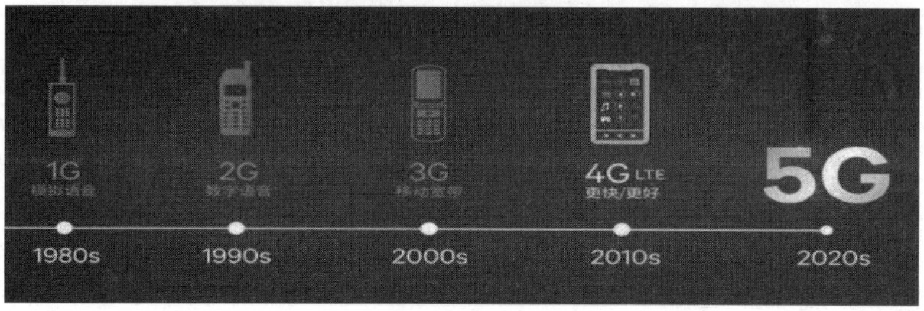

图 14.2.1 移动通信技术发展历程

14.2.2 移动通信发展简史

1. 1G（第一代移动通信系统）

1973 年 4 月的一天，一名男子站在纽约街头，掏出一个约有两块砖头那么大的设备，并对它说话，兴奋得手舞足蹈，引得路人纷纷侧目。这个人就是马丁·库帕，摩托罗拉公司的工程师。而他手上的设备，就是世界上第一个真正意义上的手机。手机的发明，标志着 1G 时代的开始，也标志着移动通信时代的开始。

1G 诞生于 20 世纪 80 年代，以模拟信号为传输载体的蜂窝无线电话系统，它去掉了将电话连接到网络的用户线，用户第一次能够在移动的状态下拨打电话。1G 是第一代无线蜂窝技术，仅支持语音呼叫，使用它的手机电池寿命和语音质量差，安全性差，并且容易掉线。当时由于各国间的通信标准不一样，还未实现“全球漫游”。那个时候我国的移动通信全部依靠引进技术，自己既没有生产能力，更没有研发能力，所有的终端、基站设备都依靠进口。

2. 2G（第二代移动通信系统）

2G 诞生于 20 世纪 90 年代初，以数字语音传输技术为核心。相比较 1G 而言，2G 语音质量更佳，多了数据传输服务，系统的容量增加，同时手机可以上网、发短信，也可以实现国际漫游。我国再次引进 2G 通信技术，开始了 2G 网络的大规模建设，其中基站厂家，如中兴、华为都在 2G 网络的建设大潮中获得了长足发展。

3. 3G（第三代移动通信系统）

3G 诞生于 21 世纪初。3G 网络带来了更快的数据传输速度，移动互联网接入、视频通话成为现实，可以通过手机拍照片、看图片、浏览网页、玩游戏，但还不能流畅地看视频。随着国外 3G 技术的不断完善，我国提出引进和研发并行的建设方案，一方面引进国外技术建设 3G 网络，另一方面自主研发我国 3G 通信技术标准，在这一时期，我国的终端产业、基站产业、网络产业，都相继崛起，深圳的华强北诞生了无数个手机品牌，华为也因终端业务和网络业务的不断扩大，逐步积累了自己的技术团队和技术体系。我国也通过 3G 体系标准的研发，打下了移动通信技术的体系建设基础。3G 时代最具有代表性的通信标准有美国提出的 MC-CDMA（CDMA2000），欧洲和日本提出的 W-CDMA 和中国提出的 TD-CDMA。这时期支持 3G 网络的平板电脑出现，伴随着乔布斯发布第一代 iPhone，掀起了智能手机的浪潮。智能终端功能的大幅提升也加快了移动通信系统的演进步伐。

4. 4G（第四代移动通信系统）

4G 从根本上来说是对 3G 的一次升级，一方面提升了数据传输效率，另一方面，改善了数据传输抗干扰能力，增加了很多增值服务。4G 网络速度大致是 3G 网络的 10 倍，能够快速传输数据、高质量音频、视频和图像等，还可以完成上网、通话、视频、购物、支付等全方位人与人的互联。在 4G 时代，我国由中国移动联合 14 家单位合作研发的 TD-LTE 移动通信系统主导世界移动通信发展路径，成为两大主流 4G 国际标准之一（另一个技术是 FDD-LTE）。同时，TD-LTE 还带动实现了国内通信全产业链的技术集群突破。4G 网络在我国的普及，催生了终端和网络产业的大力发展。

5. 5G（第五代移动通信系统）

5G 技术是在 4G 标准的基础上，又一次跨越式的升级。5G 的传输速度比 4G 快数百倍，网络容量更大，时延大幅下降，可以同时连接千亿个设备，是目前全球最快的网络。

讨论与交流

从电报到 5G，从文字、语音到多媒体数据，通信技术经历了漫长的发展。我国的移动通信也经历了 1G 空白、2G 追随、3G 追赶、4G 同行发展到 5G 领先的历程。通信企业由“中国制造”向“中国创造”转变的步伐，带动了我国通信产业群体腾飞。“中国力量”在全球信息通信业版图上加速崛起。所有这些成果和进步，都是无数通信人一点一点努力奋斗换来的。

通过上述内容的学习，你得到了哪些启示？从科技强国、国产替代、勇于奋斗等角度讨论。

14.2.3 移动通信的传输原理与传输技术

讨论与交流

每次我们用手机进行通信的时候，手机是如何实现通话的？地球上那么多手机在同时进行通话，我们又是如何快速准确地找到对方的？又是如何避免干扰、保证通话质量的？

其实，所有手机通信用的无线电波频率都在一个范围内，我们只要把这个频段分给不同的手机，它们之间就不会互相干扰了（这就好比我们将一条公路分成 10 条行车道，每条行车道上只允许一辆汽车行驶）。但是，随着手机用户的增多，有限的频段没办法让一个城市里所有的手机同时使用，因此电信工程师把一个城市分成很多很多小的蜂窝形区域，每个区域都有一个手机基站，在每个方圆几百米的小区域里手机用户不会很多，“无线行车道”一般不会发生拥堵，手机信号可以顺畅通行。尽管同一个城市里还是会有其他手机和你用一样的频段，但是它们各自在相隔比较远的两个蜂窝内，互相不会有干扰。移动蜂窝通信示意图如图 14.2.2 所示。

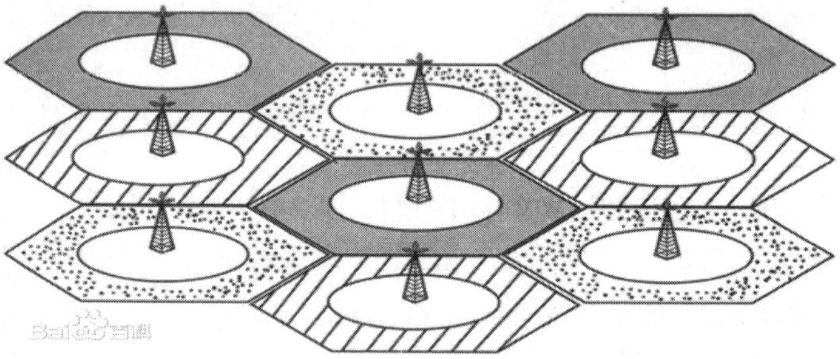

图 14.2.2 移动蜂窝通信示意图

当一部手机要和另一部手机联系时，只需要联系附近的手机基站就可以了，基站会把相关信息传给当地电信公司的数据中心，数据中心会自动查询你要拨打的电话在哪个城市，然后你的信息会被送到对方城市的电信公司，该电信公司再把信息发给离对方手机最近的一个基站，接着这个基站再把信息发给对方手机。基站与电信公司之间的那些通信，大多数是通过光缆进行的，也就是说手机通信虽然号称无线通信，但是中间很多部分其实是有线通信的。

那我们的手机是如何快速找到对方手机的呢？这就像我们每到一个新地方都会给家里报个平安一样，当手机的主人带着它到一个新的蜂窝区时，手机要做的第一件事就是主动向最近的手机基站报告自己的位置，这样电信公司的数据库里就有手机的大概位置信息了。如果有人拨打了这部手机号码，那么电信公司很快就可以查到手机的位置，可以在短时间内接通电话。

14.2.4　5G 的定义和关键技术

1. 5G 的定义

第五代移动通信技术（简称 5G）是具有高速率、低时延和大连接特点的新一代宽带移动通信技术，是实现人机物互联的网络基础设施。5G 不仅要解决人与人通信，为用户提供增强现实、虚拟现实、超高清（3D）视频等更加身临其境的极致业务体验，更要解决人与物、物与物通信问题。

2. 5G 的关键技术

1）毫米波

无线传输速率的提升一般通过增加频谱的利用率或增加频谱的带宽来实现，毫米波技术则是通过增加频谱带宽来实现的，5G 的频谱带宽较 4G 可翻 10 倍，这样装载的信息就会增多，传输速率也将更快，但是传播衰减也会变大。

2）小基站

毫米波技术的缺陷是穿透力差、衰减大，因此要让毫米波频段下的 5G 通信在高楼林立的环境下传输并不容易，而小基站将解决这一问题。因为毫米波的频率高、波长短，可以把天线尺寸做得很小。小基站相比于大基站而言，其特点是小型化、低功率、可控性好、智能化和组网灵活。

3）大规模 MIMO 天线技术

MIMO（multiple-in multiple-out，多进多出）就是多根天线发送、多根天线接收。4G 基站只有十几根天线，但 5G 基站可以支持上百根天线。这些天线可以同时让更多的用户发送和接收信号，从而将移动网络的容量提升数十倍甚至更多，但是信息的干扰也会变大。

4）波束成形

多天线为 5G 大幅增加容量的同时，也会带来更多的干扰，波束成形是解决这一问题的关键。通过有效地控制这些天线，使它发出的电磁波在空间上互相抵消或者增强就可以形成一个很窄的波束，从而使有限的能量集中在特定方向上传输，不仅传输距离更远，而且避免了信号的干扰。

5）同时同频全双工技术

同时同频全双工技术，就是指在同一个信道上，在发送信号的同时也接收信号，实现两个方向的同时操作，使得通信的两端同时在上、下行使用相同的频率，这是通信节点实现双向通信的关键之一，也是 5G 所需的高吞吐量和低时延的关键技术。

14.2.5　5G 技术的应用场景

当前 5G 的三大应用场景分别是增强移动宽带、低时延高可靠以及海量大连接。

1. 增强移动宽带

增强移动宽带主要用于满足对高数据速率的业务需求，其峰值速率将是 4G 网络的 10 倍以上，支持高清视频、VR 等新业态，广泛应用于文体娱乐、教育等行业，还可应用于安防监控、产品检测等方面。

2. 低时延高可靠

低时延高可靠重点满足物联网应用中对时延和可靠性要求极高的特殊应用需求。像车联网、工业远程控制、远程医疗、无人驾驶等应用，对时延和可靠连接的要求比较严格，通信响应速度将降至毫秒级。

3. 海量大连接

海量机器类通信将实现从消费到生产的全环节、从人到物的全场景覆盖，即“万物互联”。这个场景也是物联网中的一个重要场景，针对的是大规模物联网业务，如智慧城市、智慧楼宇、智能交通、智能家居、环境监测等场景。这类业务场景对数据速率要求较低，且对时延不敏感，但对连接规模要求比较高，信息交互比较大。

任务 14.3 其他通信技术

任务描述

小曹同学了解了移动通信的发展及技术，特别是5G技术后，对通信技术产生了浓厚的兴趣，通过上网搜索、图书馆借阅书籍又进行了其他通信技术的学习。

任务目标

- 了解其他通信技术的特点及应用场景。

任务实现

1. Zig-Bee（紫峰）

Zig-Bee 这个名字的灵感来源于蜂群的交流方式，蜜蜂通过 Z 字形飞行来通知发现的食物的位置、距离和方向等信息。Zig-Bee 是一种短距离、低功耗的无线通信技术。其特点是距离近、功耗低、成本低、速率低、时延短等，主要适用于家庭和楼宇控制、工业现场自动化控制、农业信息收集与控制、公共场所信息检测与控制、智能型标签等领域，可以嵌入各种设备。

2. 蓝牙（Bluetooth）

蓝牙是一种支持设备近距离通信的无线技术。蓝牙使当前的一些便携移动设备和计算机设备能够不需要电缆就能连接到互联网。蓝牙技术广泛地应用于局域网络中各类数据及语音设备，能在移动电话、无线耳机、车载音响等众多设备之间进行信息交换，实现各类设备之间随时随地进行通信。

3. 无线宽带（Wi-Fi）

Wi-Fi 是一种无线局域网接入技术，能够在百米范围内支持设备互连接入。当下几乎所有的智能手机、平板电脑和便携式计算机等智能终端都支持 Wi-Fi 上网。相比于蓝牙技术，Wi-Fi 覆盖范围较广，传输速度快，无须布线，非常适合移动办公用户的需要，因此它可以很好地应用在家庭、校园、会议室、超市、咖啡厅、图书馆、医院等人员流动频繁但又有数据访问需求的场景。

4. 超宽带（UWB）

UWB 技术是一种新型的无线通信技术。它通过对具有很陡上升和下降时间的冲激脉冲进行直接调制，使信号具有 GHz 量级的带宽。UWB 技术具有数据传输速率高、抗多径干扰能力强、功耗低、成本低、穿透能力强、截获率低、与现有其他无线通信系统共享频谱等特点。UWB 在无线多媒体通信、雷达、精密定位、穿墙透地探测、成像和测量等领域获得了日益广泛的应用。另外，在救援、治安防范、消防及医疗、医学图像处理等领域都大有用途。

5. NFC

NFC 是一种近距离高频无线通信技术。使用了 NFC 技术的设备（例如移动电话）可以在彼此靠近的情况下进行数据交换。NFC 为我们日常生活中越来越普及的各种电子产品提供了一种十分安全快捷的通信方式，比如利用移动终端实现移动支付、电子票务、门禁、移动身份识别、防伪等应用。

6. 卫星通信

卫星通信是指利用人造地球卫星作为中继站来转发无线电信号，从而实现在多个地面站之间进行通信的一种技术，它是地面微波通信的继承和发展。卫星通信系统由卫星端、地面端组成。卫星端在空中，主要用于将地面站发送的信号放大再转发给其他地面站。地面站主要用于对卫星的控制、跟踪以及实现地面通信系统接入卫星通信系统。

单元小结

本单元首先介绍了通信的概念和通信技术的发展史。然后重点介绍了移动通信技术的概念、发展历程，通过了解我国移动通信技术的发展史，鼓励学生树立科技强国、奋发进取的信念；对于 5G 的定义、关键技术和应用场景也进行了简单介绍。最后介绍了其他通信技术。

课后习题

一、选择题

1. 下列不属于通信系统组成部分的是（　　）。

A. 信源　　B. 信道
C. 变换器、反变换器　　D. 信宿

2. 下列被称为“无线电之父”的是（　　）。
A. 塞缪乐·莫乐斯　　B. 亚历山大·贝尔
C. 安东尼奥·穆齐　　D. 伽利尔摩·马可尼

3. 现代通信的起点是电磁技术的引入，电磁技术最早的应用是（　　）。
A. 电视　　B. 电话　　C. 电报　　D. 广播

4. （　　）的发明标志着移动通信的开始。
A. 电报　　B. 计算机　　C. 广播　　D. 手机

5. 4G 时代的主要系统是（　　）。
A. CDMA 2000　　B. LTE　　C. W-CDMA　　D. TD-SCDMA

6. 下列不是 5G 技术特点的是（　　）。
A. 5G 能增强移动带宽　　B. 海量机器类通信
C. 超高可靠低时延通信　　D. 机器学习

7. Zig-Bee 是一种低功耗的无线网络技术，主要用于（　　）无线连接。
A. 近距离　　B. 远距离　　C. 移动　　D. 高速率

8. 在家庭、校园、会议室、超市、咖啡厅、图书馆、医院等人员流动频繁但又有数据访问需求的地方可以设置（　　）无线连接方式。
A. NFC　　B. UWB　　C. GPRS　　D.Wi-Fi

9. 卫星通信是指利用（　　）作为中继站转发无线电信号，在两个或多个地面站之间进行的通信。
A. 地球站　　B. 人造地球卫星
C. 空间站　　D. 卫星系统主站

10. 下列选项中不属于近距离无线通信技术的是（　　）。
A. Zig-Bee　　B. UWB　　C. 光纤通信　　D. Wi-Fi

二、填空题

1. 移动通信是指通信的一方或双方处于_______的通信。
2. 5G 的三大应用场景是_______________、__________、_____________。
3. 1G 时代采用的是以模拟信号为传输载体的__________电话系统。
4. 有线通信即利用金属导线、_______等有形媒质传送信息的方式。
5. 无线通信是利用_______信号在自由空间中传播的特性进行信息交换的一种通信方式。

15 单元 物联网

单元导读

物联网的概念最早提出于 1999 年，其定义很简单，即把所有物品通过射频识别、条码、传感器等信息传感设备与互联网连接起来，实现智能化识别和管理。随着社会的发展、科技的进步，万物互联已经走进了我们的现实生活。世界上的所有物体从轮胎到牙刷、从房屋到纸巾都可以通过互联网主动进行信息交换。

本单元从物联网的概念、物联网技术以及物联网的应用等方面进行介绍。希望通过本单元的学习，能够对物联网有一个全局认识，激发探索物联网世界的兴趣。

任务 15.1 认识物联网

任务描述

小丁同学准备参加全国职业院校技能大赛，他努力从自己身边的需求出发寻找创意，最终确定提交一个自动调节宿舍灯光的方案。这个方案实现起来有一定难度，指导老师建议他系统地学习物联网知识，通过物联网技术解决问题。于是小丁进入了物联网的学习历程。

任务目标

- 通过咖啡壶的故事，认识物联网出现的意义。
- 理解物联网的定义。
- 了解物联网的 3 个主要特征：全面感知、可靠传输和智能处理。

任务实现

15.1.1 物联网的起源与定义

物联网这一概念出现前，在众多的科幻电影和小说中曾被无数次地幻想过。人们畅想着物品具有思想，可以和人类进行沟通对话。人类可以根据自己的需要对物品发号指令，物品根据指令采取行动。

最让人津津乐道的物联网起源故事要追溯到特洛伊咖啡壶事件。1991 年，剑桥大学特洛伊计算机实验室的科学家们，常常要下楼去看咖啡煮好了没有，但又怕会影响工作，为了解决麻烦，他们编写了一套程序，咖啡壶旁边安装了一个便携式摄像头，利用终端计算机的图像捕捉技术，以 3 帧/秒的速率传递到实验室的计算机上，以方便工作人员随时查看咖啡是否煮好，这就是物联网最早的雏形。1993 年，作为首个 X-Windows 系统案例，特洛伊咖啡壶事件还被传到了网上，近 240 万人点击过这个名噪一时的“咖啡壶”网站。

还有另外一种说法，1990 年，卡内基梅隆大学的校园里，有一群程序设计师，他们每次敲完代码后都习惯到楼下的可乐贩卖机买上一罐冰可乐，可很多时候只能看着空空的可乐贩卖机败兴而回，这令他们十分苦恼，于是他们就把楼下的贩卖机连上网络，写了段代码去监视可乐贩卖机还有多少可乐。

虽然咖啡壶事件是大家公认的物联网起源，而可乐贩卖机事件相对缺少考证，但有一点可以确定，一群“懒人们”的一时兴起，彻底改变了这个世界，物联网由此而生。

讨论与交流

社会的进步就是让一切都变得越来越简单，越来越方便，换句话说，就是在培养越来越多的“懒人”。由此，催生了一个新兴的行业——懒人经济，全自动炒菜机、机器人扫地机、感应垃圾桶等都可以归类为“懒人”产品，而这些产品的诞生都离不开物联网相关技术的支持。寻找你身边的类似产品，讨论一下是否用到了物联网技术。

1995 年，微软帝国的缔造者比尔·盖茨在《未来之路》一书中提到了“物联网”的构想，书中写道：“您将会自行选择收看自己喜欢的节目，而不是等着电视台为您强制性选择。如果您计划购买一台冰箱，您将不用再听那些喋喋不休的推销员唠叨，电子论坛将会为您提供最为丰富的信息。音乐销售将出现新模式，以全新数字模式出现的音乐产品将会登陆市场。如果您的孩子需要零花钱，您可以从电脑钱包中给他转 5 美元。另外，当您驾车驶过机场大门时，电子钱包将会与机场购票系统自动关联，为您购买机票，而机场的检票系统将会自动检测您的电子钱包，查看是否已经购买机票。您可以亲自进入地图中，这样可以方便地找到每一条街道，每一座建筑。虽然现在看来这些预测不太可能实现，甚至有些荒谬，但是我保证这是本严肃的书，而绝不是戏言，十年后我的观点将会得到证实。”

时至今日，20 多年已经过去，比尔·盖茨描绘的场景对于我们来说已经司空见惯。环顾四周，物联网设备已经无处不在。智能手机、智能手表、智能家居、共享单车、自动驾驶、VR/AR 等设备逐渐成为生活中的必需品，深刻地改变着人们的生活方式。

小贴示

物联网公认的定义如下：物联网是通过智能传感器、射频识别设备、卫星定位系统等信息传感设备，按照约定的协议，把任何物品与互联网连接起来，进行信息交换和通信，以实现对物品的智能化识别、定位、跟踪、监控和管理的一种网络。在物联网时代，每一件物体均可寻址，每一件物体均可通信，每一件物体均可被感知和控制。物联网可以随时随地实现人、机与物的连接。

15.1.2　物联网的主要特征

物联网具有全面感知、可靠传输和智能处理 3 个主要特征。

1. 全面感知

全面感知是指利用无线射频识别、传感器、定位器和二维码等手段随时随地对物体进行信息采集和获取。感知包括传感器的信息采集、协同处理、智能组网，甚至信息服务，以达到控制、指挥的目的。

2. 可靠传输

可靠传输是指通过各种电信网络和因特网融合，对接收到的感知信息进行实时远程传送，以实现信息的交互和共享，并进行各种有效的处理。在这一过程中，通常需要用到现有的运行网络，包括无线和有线网络，其中 5G 网络是承载物联网的一个有力的支撑。

3. 智能处理

智能处理是指利用云计算、模糊识别等各种智能计算技术，对随时接收到的跨地域、跨行业、跨部门的海量数据和信息进行分析处理，提升对物理世界、经济社会各种活动和变化的洞察力，实现智能化的决策和控制。

讨论与交流

物联网与互联网一字之差，“差”在哪里？

任务 15.2 了解物联网的关键技术

任务描述

小丁同学通过对物联网起源、概念等知识的了解，对于物联网发生了极大的兴趣。他急于了解：不同的物联网应用场景到底是怎么实现的？物联网的体系架构是怎么样的？支撑物联网的关键技术有哪些？

任务目标

- 理解物联网的体系结构，物联网三层结构模型：感知识别层、网络构建层、综合应用层。
- 掌握物联网体系中各层的关键技术：射频识别技术、传感器技术、无线通信技术、云计算技术。

任务实现

15.2.1 物联网的体系结构

物联网作为一个系统网络，有其内部特有的架构。根据信息生成、传输、处理和应用的原则，一般分为三层：感知识别层、网络构建层和综合应用层。物联网三层结构模型如图 15.2.1 所示。

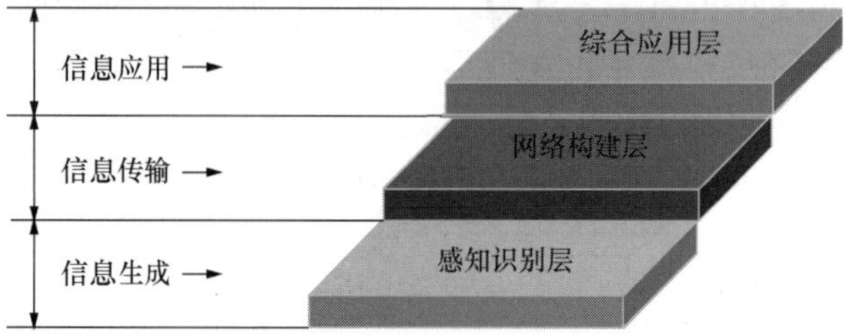

图 15.2.1 物联网三层结构模型

物联网的体系结构体现了物联网的三个主要特征，即全面感知、可靠传输和智能处理。其中，感知识别层，利用射频识别、传感器、条形码、定位器等随时随地获取物体的信息；网络构建层，通过各种电信网络与互联网的融合，将物体的信息实时准确地传递出去；综合应用层，将物联网技术与各类行业应用相结合，通过物联网的“物物互联”实现无所不在的智能化应用。

1. 感知识别层

感知识别层是物联网的基础，是让物品“说话”的先决条件，是联系物理世界与虚拟信息世界的纽带。感知识别层主要负责两项任务，分别是识别物体和采集信息。识别物体是通过智能感知来确定物品是什么；采集信息是利用传感器等来感知物品怎么样。

其中物联网中的物，指的是现实世界中的客观事物，诸如电器设备、基础设施、计算机、建筑物等。所采集的物品信息，指的是物品能够被感知的因素，诸如温度、湿度、压力、光线等。感知层解决的是人类世界和物理世界的数据获取问题。

感知识别层设备具备智能化、小型化、低功耗、低成本的特点。感知识别层设备主要分为两类：自动感知设备与人工生成信息设备。自动感知设备包括射频识别、传感器、GPS、智能家用电器、智能控制设备等；人工生成信息设备包括智能手机、个人数字助理（personal digital assistant，PDA）、计算机等。

2. 网络构建层

网络构建层相当于人的神经中枢和大脑，负责传递和处理感知识别层获取的信息。网络构建层由各种私有网络、互联网、有线和无线通信网、网络管理系统和云计算平台等组成。在理想的物联网中，网络构建层可以把感知识别层获取的数据无障碍、高安全性、高可靠性地进行传输，供上层服务使用。为了实现这一目标，需要传感器网络与移动通信技术和互联网技术等相融合。经过多年的发展，移动通信技术和互联网技术已经比较成熟，基本上可以满足需求。

小贴示

云计算平台作为海量感知数据的存储、分析平台，已经成为物联网网络构建层的重要组成部分。目前多数物联网的搭建都基于物联网云平台。这一方面是因为基于物联网云平台，开发者不仅可以便捷地用到云服务商提供的各种云服务，包括数据分析、监控运维等云服务，还可以利用云服务商提供的大数据、人工智能等平台进一步使物联网的应用信息化、数字化和智能化；另一方面是因为基于云平台搭建的物联网本身能享受云计算、云存储、云网络等基础服务所带来的便利。

代表性的物联网云平台有亚马逊和谷歌以及国内的阿里和腾讯的物联网云平台。

3. 综合应用层

综合应用层是物联网和用户（包括个人、组织或者其他系统）的接口，其主要任务是利用经过分析处理的感知数据，为用户提供丰富的特定服务，包括制造领域、物流领域、医疗领域、农业领域、电子支付领域、环境监测领域、智能家居领域等。综合应用层是物联网发展的目的，软件开发、智能控制技术为用户提供丰富多彩的物联网应用。各种行业和家庭应用的开发将会推动物联网的普及，也给整个物联网产业链带来利润。

15.2.2 物联网体系中的关键技术

1. 射频识别技术

作为构建物联网的一项关键技术，射频识别（radio frequency identification，RFID）技术被认为是 21 世纪最有发展前途的信息技术之一。从字面上来看，RFID 的意思是通过无线信号来进行标识和识别。RFID 的历史可以追溯到第二次世界大战，目前已被广泛应用在多种场景，如农业领域的生猪、肉牛的饲养及食品加工的实时、动态、可追溯的管理；工业生产的托盘管理；物流领域的邮政包裹、民航行李、远洋运输集装箱、铁路货车调度监管等。

一般而言，RFID 系统由 5 个组件构成，包括传送器、接收器、微处理器、天线和标签。传送器、接收器和微处理器通常被封装在一起，统称为阅读器。其工作原理如图 15.2.2 所示，首先阅读器通过天线发出电磁波；标签接收到信号后通过发射电磁波发送信息，如可以发送内部存储的标识信息等；阅读器再通过天线接收并识别标签发回的信息；最后，阅读器将识别结果发送给主机。

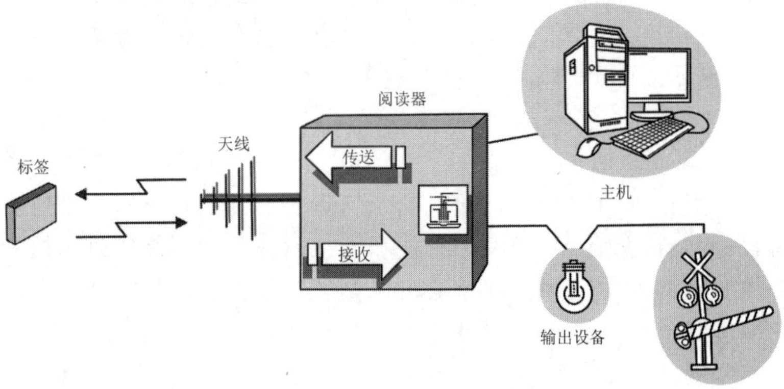

图 15.2.2 RFID 工作原理

2. 传感器技术

在物联网中传感器主要负责接收物品“讲话”的内容。传感器（transducer/sensor）是一种检测装置，能感受到被测量的信息，并能将感受到的信息，按一定规律变换成为电信号或其他所需形式的信息输出，以满足信息的传输、处理、存储、显示、记录和控制等要求。传感器技术是从自然信源获取信息并对获取的信息进行处理、变换、识别的一门多学科交叉的现代科学与工程技术，它涉及传感器、信息处理和识别的规划设计、开发、制造、测试、应用及评价改进等活动。

在物联网中，在传感器基础上增加了协同、计算、通信功能，构成了具有感知、计算和通信能力的传感器节点。智能化是传感器的重要特点，嵌入式智能技术是实现传感器智能化的重要手段。

讨论与交流

在我们的生活中，传感器无处不在。例如，判读机动车驾驶员呼气中酒精含量的酒精传感器、体重计里面用到的称重传感器、体温枪里的温度传感器等。而在智能手机里则隐藏了 13 种智能传感器，你知道有哪些吗？

3. 无线通信技术

物联网设备通信的特点主要包括无线、低速率和低功耗。无线通信使得物联网能够支持丰富的应用场景，方便地获取各种各样的传感器上的感知数据。无线通信是利用电磁波信号在自由空间中传播的特性进行信息交换的通信方式。常见的无线通信技术分为近距离无线通信技术和远距离无线通信技术。具有较好发展前景、应用较为广泛的短距离无线通信技术有 ZigBee、蓝牙、Wi-Fi、超宽带（UWB）和近场通信（NFC）等。应用较为广泛的远距离无线通信技术主要有 5G、LoRa 和 NB-IoT 等。

目前，无线通信技术虽然多种多样，但是各类技术均有其适用的范围，并且各种技术各有优劣。在搭建物联网时要兼顾各种无线通信技术的优缺点，结合使用的实际场景，以达到安全性、经济性、即时性的物联网构建要求。

表 15.2.1 为几种无线通信技术的理论指标对比。

表 15.2.1　几种无线通信技术的理论指标对比

指标	Wi-Fi	蓝牙	ZigBee	LoRa	NB-IoT	5G
覆盖范围	(17～30+)m	(1～10+)m	(1～100+)m	<10km 157dB	<15km 164dB	<12km 160dB
频谱带宽	2.4GHz 802.11	2.4GHz 802.15.1	2.4GHz 802.15.4	未授权 900MHz <500kHz	授权的 700～900MHz 共享频段	授权的 700～900MHz 共享频段
速率	150Mb/s+	1Mb/s	250Kb/s	<10b/s	<50Kb/s	<1Mb/s
终端价格	4$ (2016)	4$ (2016)	3$ (2016)	4$ (2016) 2.64$ (2020)	4$ (2015) 2～3$ (2020)	<2$

小贴示

共享单车是典型的物联网应用场景。不管是过去的 ofo 单车、摩拜单车，还是现在的美团单车、青桔单车等，厂家都提供了云端服务，而关键的环节在于单车和云服务器之间的通信，从图 15.2.3 可以看出整个场景中的通信逻辑。其中单车与云端的通信可以通过 GPRS 数据业务、NB-IoT 实现，并通过蓝牙进行辅助解锁，能够有效解决开锁不稳定、开锁时间慢、耗电等问题。

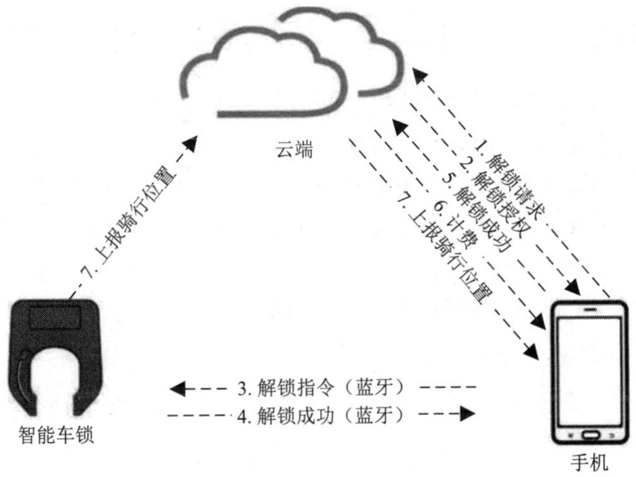

图 15.2.3　共享单车场景中的通信逻辑

4. 云计算技术

物联网的发展离不开云计算技术的支持，物联网终端的计算和存储能力有限，云计算平台可以作为物联网的大脑，实现对海量数据的存储和计算。云计算技术的目的是把各种消费进行低成本处理并融合为功能完整的实体。

物联网云平台是连接物联网软硬件、数据以及应用的关键一环。近年来，借助云计算的大规模应用，物联网云平台也蓬勃发展起来。物联网云平台给开发者提供了一个可以简便、高效地管理物联网数据和设备，并在海量的数据之上构建物联网应用的平台，避免了设备异构性、连接协议异构性、数据格式异构性带来的开发困难。

在前文介绍的共享单车案例中，通过云平台管理用户信息（开车/锁车请求、用户余额）和车辆信息（车辆定位、计时计费）并实现互联互通（用户扫码开车），让部署在各处的数以百万计的共享单车可以被有效地管理和使用。

同时，各种物联网应用也可以借助云计算中心提供的强大计算能力得以高效地处理数据，如“城市大脑”平台，如图 15.2.4 所示。物联网云通过收集和智能分析从城市各处采集到监控视频、车辆定位、温度湿度等信息，结合城市路网规划、交通线路和警情信息等，借助人工智能算法来优化城市运行状态（如控制交通信号灯提高通行效率）、预防破坏性事件（如火情预警、人脸识别追踪罪犯）和辅助政府的决策。

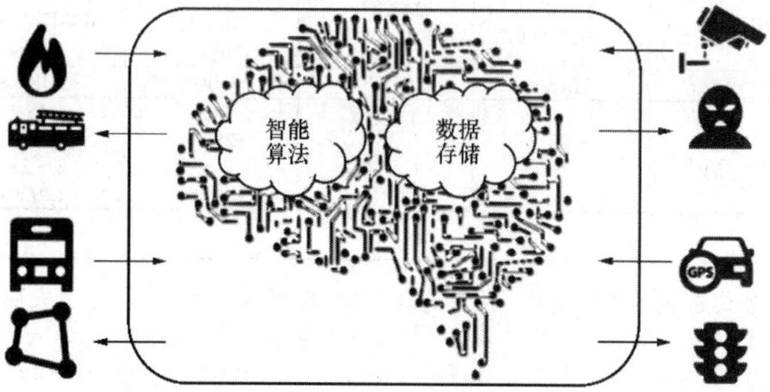

图 15.2.4 物联网云为“城市大脑”提供数据聚合、智能分析等功能

实践与体验

阿里云作为国内最大的云服务提供商之一，旗下的物联网云平台提供了一套基于 Kubernetes 的一键式应用容器化托管、部署及运维服务，可以实现物联网应用的快速接入及应用的低成本复制。另外，阿里物联网云平台也提供了方便快捷的设备管理能力，如使用物模型来解决工业场景中复杂的设备建模，通过物模型从属性、服务、事件 3 个维度将各种设备进行数字化。在上层服务上，阿里云针对物联网开发者提供了一套数据智能分析产品，可以针对物联网数据的特点，提供海量数据的存储备份、资产管理、报表分析和数据服务等能力。

可以登录 http://iot.aliyun.com，查看阿里云物联网平台提供的相关服务，界面如图 15.2.5 所示。

图 15.2.5 阿里云物联网云平台界面

15.2.3　物联网技术未来的发展

随着物联网在各行各业的应用不断深化，将催生大量的新技术、新产品、新应用、新模式。未来巨大的市场需求将为物联网带来难得的发展机遇和广阔的发展空间。

物联网作为中国新一代信息技术自主创新突破的重点方向，蕴含着巨大的创新空间，在芯片、传感器、近距离传输、海量数据处理以及综合集成、应用等领域，创新活动日趋活跃，创新要素不断积聚。

从技术创新趋势来看，物联网行业发展的内生动力正在不断增强。连接技术不断突破，NB-IoT、eMTC、LoRa 等低功耗广域网全球商用化进程不断加速；物联网平台迅速增长，服务支撑能力迅速提升；区块链、边缘计算、人工智能等新技术题材不断注入物联网，为物联网带来新的创新活力。受技术和产业成熟度的综合驱动，未来物联网将呈现“边缘的智能化、连接的泛在化、服务的平台化、数据的延伸化”等特点。

任务 15.3　了解物联网的应用

任务描述

传统互联网经历了以数据为中心到以人为中心的转化，典型应用包括文件传输、电子邮件、万维网、电子商务、视频点播、在线游戏和社交网络等；物联网应用目前正处于快速增长期，具有多样化、规模化、行业化等特点，本任务通过几个热门的物联网应用，介绍物联网应用的基本特点。下面让我们跟小丁同学一起学习吧。

任务目标

- 了解物联网的典型应用场景：智能家居、智能交通、智慧物流、智慧医疗。
- 了解物联网应用开发。

任务实现

15.3.1　物联网的典型应用场景

随着物联网技术的发展，物联网的应用领域涉及了日常生活、工业、农业、环境、交通、物流、安保等方方面面。通过智慧城市的建设，在与生活息息相关的领域，如家居、医疗健康、教育、金融与服务业、旅游业等，从服务范围、服务方式到服务质量等方面，都得到了改善；在工农业生产方面，物联网有效地推动行业的智能化发展，使得有限的资源得到更加合理充分的使用分配，从而提高了行业效率、效益；在涉及国防军事领域方面，大到卫星、导弹、飞机、潜艇等装备系统，小到单兵作战装备，物联网技术的嵌入有效提升了军事智能化、信息化与精准化，极大提升了军事战斗力。下面通过智能家居、智能交通、智慧物流三个典型场景进行介绍。

1. 智能家居

智能家居通过物联网技术将家中的各种设备（如音视频设备、照明系统、窗帘控制、空调控制、安防系统、数字影院系统、影音服务器、影柜系统、网络家电等）连接到一起，提供家电控制、照明控制、电话远程控制、室内外遥控、防盗报警、环境监测、暖通控制、红外转发以及可编程定时控制等多种功能和手段。

> **小贴示**
> 智能家居的发展经历了三个阶段，从智能单品到智能系统再到全屋智能系统。全屋智能系统就是把整个家里具备互联互通价值的带电设备全部链接起来，组成家庭物联网。

智能家居可以保障舒适，比如预测我们的下班和到家时间，提前启动家中的空调、厨具等设施，到家时就能在舒适的环境中享用晚餐了；通过和电网的连接，在电价最低的时候开启洗衣机、干衣机、为电动汽车充电等，降低业主电费，吸纳更多可再生能源，实现碳中和。

一个典型的智能家居系统通常包括一个家庭无线网关，以及若干个分布在各种设备上的无线通信子节点，包括温度控制、气体传感、门禁系统等子节点，每个子节点都能够通过无线通信模块与无线网关进行数据传输。如气体传感节点可以将采集到的空气质量数据周期性地传输到家庭无线网关，用于本地智能决策。家庭智能网关可以看作家庭的智能化控制中心，带有嵌入式处理器和操作系统，通过无线模块与子节点进行通信，控制各种家电，并且能够在发生警情时通过网络或电话报警。图 15.3.1 为智能家居系统示意图。

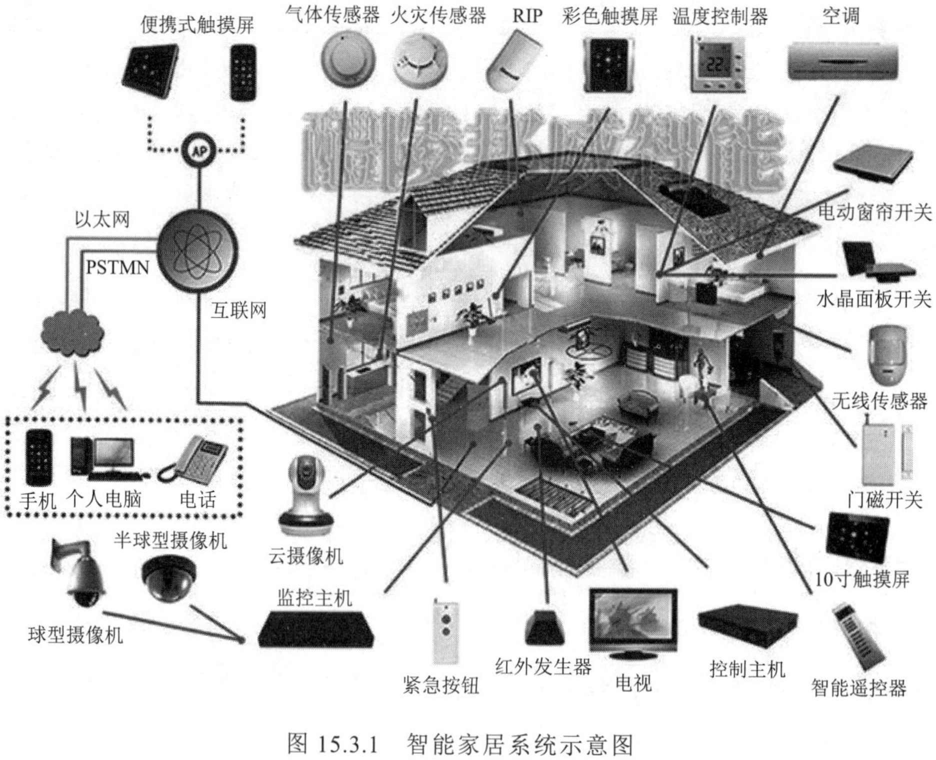

图 15.3.1 智能家居系统示意图

2. 智能交通

面对交通中存在的问题，被堵在路上的人们在指责和抱怨的同时，往往也会期待和憧憬：如果我们的交通系统更加智能就好了。如果能实时获得道路和其他车辆的情况，就可以提前做出更加合理的路线决策。物联网技术中更透彻的感知、更全面的互联互通以及更深入的智能逐渐将人们畅想中的智能交通变为现实。通过更透彻的感知，道路基础设施中的传感器和车载传感设备能够实时监控交通流量和车辆状态信息，并将监测数据实时共享或通过移动通信网络传送至管理中心。通过更全面的互联互通，遍布于道路基础设施和车辆中的无线、有线通信技术的有机整合为移动用户提供了更便捷的网络服务，使人们能够随时获取实时的道路和周边环境资讯。通过更深入的智能，自动驾驶汽车根据感知到的外部信息做出决策后对车辆进行实时的控制以提高车辆安全性，管理中心通过对道路基础设施进行实时调度以达到最大化交通网络流量。随着物联网技术在交通中的深入应用，智能交通给人们带来了安全、快捷、舒适的出行新方式，我们正见证着昔日的想象成为生活中的常态。图 15.3.2 为智能交通系统示意图。

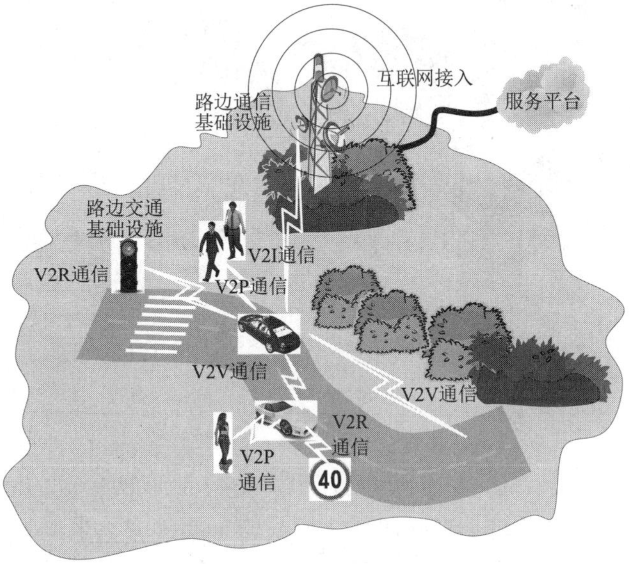

图 15.3.2　智能交通系统示意图

3. 智慧物流

在物联网技术还不成熟、没有得到广泛应用的年代，供应链就像是狭窄拥堵的“低速”公路，不仅车流量小，而且容易出现交通事故。在生产加工环节中需要人工定时检测设备和货品状态，手工录入数据；在仓储管理环节需要挨个拆箱检查，防止错漏；在物流运输环节无法实时监控货品状态和运输信息；在销售管理环节无法捕捉商品数据，提供更好的用户体验。

随着信息技术的高速发展、物联网应用成本的下降和可靠性的提高，物联网设备实现了对货品、机器、环境等进行动态实时监控，准确而全方位地上传相关数据，使供应链中的各个节点都能够直接进行高效且智能的通信和协作，而无须人为干预。供应链不仅仅在内部或者与其他供应链之间存在信息交互，新时代的供应链甚至与运输系统、电网、金融市场乃至生态系统都建立了紧密的连接。计算机技术的成熟与软件的大规模应用将传统供应链行业带到了信息化供应链时代，依靠信息化系统的数据录入和展示以及互联网的高效传输，供应链真正地流动了起来，设备的监控和货品的管理等不再依赖单纯的人工处理。物联网设备不仅能够更快、更准、更智能地做好这些工作，而且可以直接通过终端实现数据的预处理和信息的交换，这将现代供应链提升到了智慧供应链的新阶段。物联网技术在供应链中的生产加工、仓储管理、物流运输、销售管理等环节都发挥着举足轻重的作用。图 15.3.3 为智慧物流系统示意图。

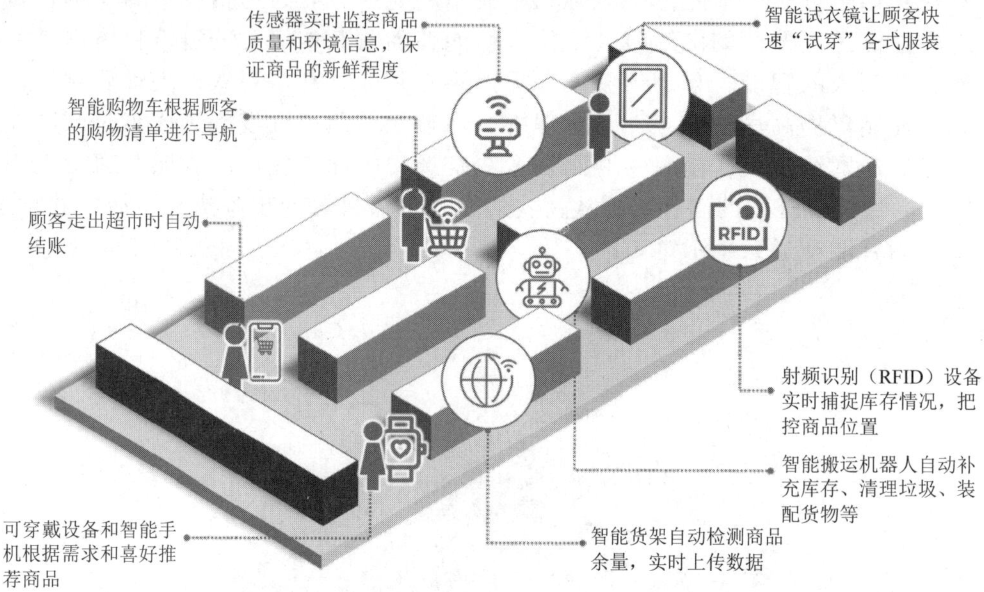

图 15.3.3 智慧物流系统示意图

15.3.2 物联网的应用开发

通过前面的学习，我们认识到在可以预见的未来，物联网释放的潜在经济价值巨大。但是物联网项目的复杂性仍然是物联网广泛应用的主要挑战。虽然近年来各种供应商为简化物联网应用做出了很多努力，包括开发即用型的应用模板、模块化组件、零配置设备连接工具等，但是物联网系统复杂性的痛点仍然存在。

一个典型物联网应用的架构如图 15.3.4 所示，包括 4 个主要部分。

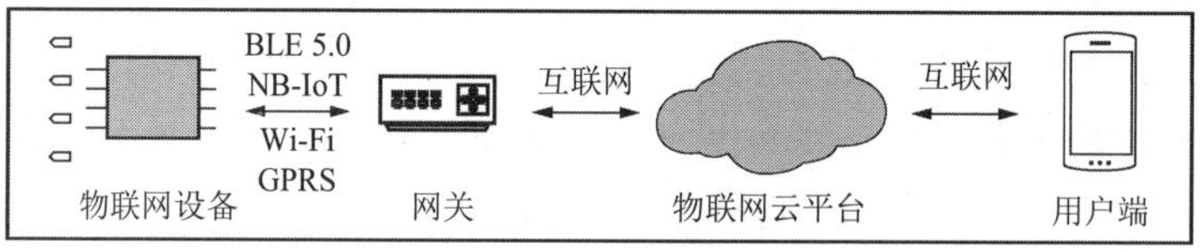

图 15.3.4 物联网应用开发架构

（1）物联网设备。这是物联网的终端感知设备。例如，可以是一个 PM2.5 感知节点，该节点采集 PM2.5 空气质量数据，并通过某一种通信方式上传到物联网云平台。

（2）网关。物联网设备通常通过无线方式接入互联网。传统的接入方式包括 Wi-Fi、GPRS 等，新兴的接入方式包括 NB-IoT、蓝牙 5.0 等。在这些接入方式中通常需要一个网关（如 Wi-Fi 接入点、蜂窝网基站等）。网关通过无线接收数据，并通过有线将数据传输到物联网云平台。

（3）物联网云平台。物联网云平台的功能主要包括存储物联网感知数据，并提供相应的数据查询、分析、处理、展示；物联网终端、网关设备的接入和管理；设备间通信支持；多重安全防护保障等。

（4）用户端。基于物联网云平台，应用开发者也可以开发各类用户端应用，可以是PC（个人计算机）应用程序、网站，或者是智能手机 App 等。

物联网应用开发是一个比较复杂的过程，感兴趣的同学可以扫描二维码，了解“语音控制智能电灯”案例开发过程的视频。

语音控制智能电灯

单元小结

本单元首先介绍了物联网的定义和起源，以及全面感知、可靠传输、智能处理三个特征。然后介绍了物联网的三层体系结构，并对物联网体系中的射频识别技术、传感器技术、无线通信技术、云计算技术进行了介绍。最后介绍了物联网的典型应用场景，给出了物联网应用开发架构。

课后习题

一、选择题

1. RFID 属于物联网的（　　）。

   A. 感知识别层　　B. 网络构建层

   C. 业务层　　D. 综合应用层

2. 物联网的三个特征是（　　）。

   A. 全面感知　　B. 智慧决策

   C. 可靠传输　　D. 智能处理

3. 物联网设备通信的特点主要包括（　　）。

   A. 无线　　B. 低速率

   C. 低功耗　　D. 有线

4. 未来物联网将呈现的特点有（　　）。

   A. 边缘的智能化　　B. 连接的泛在化

   C. 服务的平台化　　D. 数据的延伸化

5. 物联网技术体系主要包括（　　）。

   A. 感知延伸层技术　　B. 网络层技术

   C. 应用层技术　　D. 物理层

二、简答题

1. 简述物联网的概念及其关键技术。
2. 常见的无线通信技术有哪些？各有什么优点？
3. 在智能家居系统中，智能门锁是个比较典型的物联网应用，请简单说明智能门锁的工作原理。

学习笔记

16 单元 数字媒体

单元导读

数字媒体是指以二进制数的形式记录、处理、传播、获取过程的信息载体，包括数字化的文字、图形、图像、声音、视频影像和动画等感觉媒体及其表示媒体等（统称逻辑媒体），以及存储、传输、显示逻辑媒体的实物媒体。理解数字媒体的概念，掌握数字媒体技术是现代信息传播的通用技能之一。本单元包含数字媒体基础知识、数字文本、数字图像、数字声音、数字视频、HTML5 应用制作和发布等内容。

任务 16.1 认识数字媒体

任务描述

"五四"青年节到了，学校要组织活动，同学们积极地开始策划起来了。班长安排喜欢拍照的小吴负责活动现场的媒体支持，负责整场活动的数字媒体作品相关制作与传播，小吴欣然接受了任务，在制作数字媒体作品之前，先了解数字媒体技术的基本知识是十分必要的。

为了不辜负同学们的期望，做出精彩的作品，小吴同学准备好好学习相关知识。让我们跟小吴一起学习数字媒体技术吧。

任务目标

- 了解数字媒体的基本概念。
- 了解数字媒体的主要应用领域。

任务实现

1. 媒体

随着计算机技术、通信技术的发展，人类获得信息的途径越来越多，获得信息的形式越来越丰富，人们对"媒体"这个名词也越来越熟悉。媒体在计算机领域有两种含义：一是指用以存储信息的物理介质，如磁带、磁盘、光盘和半导体存储器等；二是指信息的载体，如文字、声音、图形和图像等。媒体是一种工具，包括信息和信息载体两个基本要素。媒体的含义如图 16.1.1 所示。

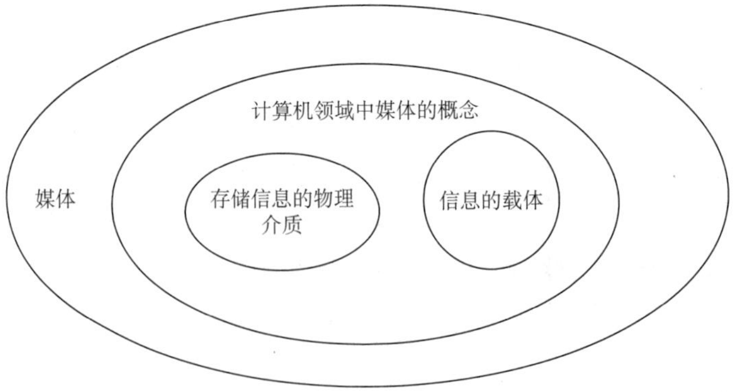

图 16.1.1　媒体的含义

媒体是信息的载体，是信息的存在形式和表现形式。由于信息在被人们感知、抽象，加以表示使之呈现的过程中，其实现存储或传输的载体各有不同，媒体可分为以下 6 类。

（1）感觉媒体。感觉媒体是指能直接作用于人的感觉器官，从而能使人产生直接感觉的媒体。如引起听觉反应的声音，引起视觉反应的文本、图形和图像等。

（2）表示媒体。表示媒体是为了加工、处理和传输感觉媒体而人为研究、构造出来的一种媒体。它说明交换信息的类型，定义信息的特征。表示媒体一般以编码的形式描述，如文本 ASCII 编码、语音 PCM 编码和图像 JPEG 编码等。

（3）呈现媒体。呈现媒体是人们获取信息或再现信息的物理手段，是输入或输出信息的设备。如键盘、鼠标、扫描仪和摄像机等输入设备，显示器、打印机和音箱等输出设备，都可以称为呈现媒体。

（4）存储媒体。存储媒体是存储数据的物理设备，如磁盘、磁带、光盘和 U 盘等。

（5）传输媒体。传输媒体是传输数据（表示媒体）的物理设备，如电缆（同轴、双绞线）、光纤（单模、多模）、无线电波（红外）等。

（6）交换媒体。交换媒体是指在系统之间交换信息的手段和类型，可以是存储媒体或传输媒体，也可以是两种媒体的组合，如网络、电子邮件、FTP 等。

感觉媒体通过输入设备（即呈现媒体）转换成可为计算机加工处理的表示媒体，在一定的情况下通过输出设备（也属于呈现媒体）转换成感觉媒体，或通过传输媒体传输到远方的服务器上。媒体和计算机的关系如图 16.1.2 所示。

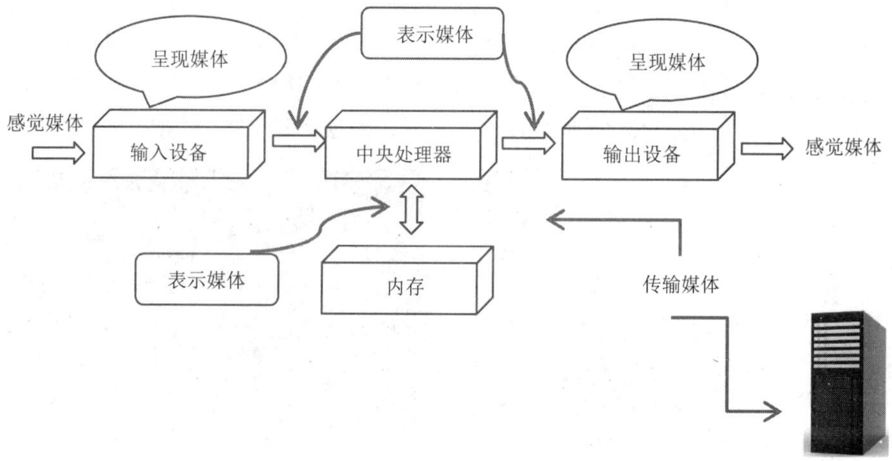

图 16.1.2 媒体和计算机的关系

2. 数字媒体和数字媒体技术

数字媒体是指以二进制数的形式记录、处理、传播、获取过程的信息载体，包括数字化的文字、图形、图像、声音、视频影像和动画等感觉媒体及其表示媒体等（统称逻辑媒体），以及存储、传输、显示逻辑媒体的实物媒体。数字媒体的基本特征主要包括信息媒体的多样性、交互性、集成性、协同性和实时性几个方面。

数字媒体技术是实现数字媒体的表示、记录、处理、存储、传输、显示和管理等各个环节的硬件和软件技术。

3. 数字媒体技术的应用领域

目前数字媒体技术最主要的应用领域有教育培训、多媒体通信、过程模拟、商业展示、数字媒体电子出版物、家庭娱乐等。

1）教育培训

教育培训是应用数字媒体技术最早的领域，计算机辅助教学（CAI）是数字媒体在教育领域中最常见的应用。数字媒体教学软件可以利用文字、图像、动画、语音等使课程内容变得生动、直观，便于学生理解并留下深刻印象。数字媒体技术的交互性使学生在使用教学软件学习时处于主动地位，可以根据自己的需要和学习情况调整学习进度和学习内容，从而取得良好的学习效果。

2）多媒体通信

多媒体通信是数字媒体与网络通信技术的综合体，它把电话、电视、计算机三者融合，集电话的双向沟通功能、有线电视的高载荷影像传输能力和计算机强大的信息处理功能于一体，使用信息压缩编码技术，确保数字媒体信息能高速传输并进行交互处理。多媒体通信包括极其广泛的内容，如可视电话、视频会议、信息点播、远程教学、远程医疗和计算机协同工作等。

3）过程模拟

使用数字媒体技术可以模拟或再现一些难以描述或再现的自然现象、操作环境，如火山喷发、天体演化、分子运动、战斗机操纵等。在一些交互式过程模拟系统中，系统还可以根据用户的操作做出不同的响应，使用户与模拟环境互动，真正融入模拟环境中。如飞行训练系统、汽车驾驶训练系统等，都能模拟实际训练环境，为用户带来身临其境的感受。

4）商业展示

数字媒体技术目前广泛应用于商业展示、信息咨询领域。例如一些公共场合的触摸式信息查询系统，商品的三维动画展示，旅游点、楼盘的虚拟漫游等。如图 16.1.3 所示。

图 16.1.3　楼盘虚拟漫游

5）数字媒体电子出版物

数字媒体电子出版物是一种新型信息媒体，它将文字、声音、图像、动画等信息储存在光盘、磁盘、硅片等非纸张载体上，并通过计算机或网络通信来播放以供人们阅读。数字媒体电子出版物具有查找方便迅速、携带方便、可靠性高等特点，是印刷业的一次革命。

6）家庭娱乐

随着社会的发展，人们的娱乐需求也在不断增长。为了给人们带来更多的娱乐体验和乐趣，软件制造商开发了丰富多彩的多媒体游戏和娱乐软件。电影和电视中也越来越多地使用数字媒体技术制作逼真的特效和动画，以便观众得到更好的视听效果，如图 16.1.4 所示。

讨论与交流

数字媒体技术给我们的生活带来了巨大的变化，除了书中介绍的应用领域，你还知道哪些？你最期待的应用是什么？

图 16.1.4 逼真的特效和动画演示效果

> **提示** 过度游戏会损害生理和心理健康，一定要谨记娱乐适度。

任务 16.2 熟悉数字媒体技术

任务描述

同学们在“五四”青年节活动中策划了大合唱，需要提交音乐伴奏带，这可难为了小吴，有些音乐在网上下载后却在计算机上打不开，原因是文件格式不兼容，这怎么办呢？我们一起来给他想想办法吧。

任务目标

- 掌握文本、音频、图形、图像、动画和视频等媒体元素的数字化表示。
- 了解数字媒体项目开发的一般过程。

任务实现

数字媒体元素主要包含文本、音频、图形、图像、动画和视频，这些媒体元素在计算机中都有自己的数字化表示和存储方式。

1. 文本

文本（text）是文字信息在计算机中的表示形式，是基于特定字符集的、具有上下文相关性的一个（二进制编码）字符流，是计算机中最常用的一种数字媒体。

文本的分类、文件格式、主要用途及常用软件如表 16.2.1 所示。

表 16.2.1 文本

分类	文件格式	主要用途	常用软件
纯文本	TXT	信息为纯文本，不包含任何其他的格式信息和结构	记事本
丰富格式文本	WPS、DOC、DOCX	在纯文本中加入了许多格式控制和结构说明信息，如字体、字号、颜色等变化，能够对文本进行位置布局等设置，可以在文本中插入图、表、公式甚至声音和视频	WPS、Word、Adobe Acrobat 等

续表

分类	文件格式	主要用途	常用软件
超文本	.html	采用网状结构来处理信息，文本中的各个部分按照其内容的关系互相链接起来，除了传统的顺序阅读外，还可以通过链接、跳转、导航、回溯等操作，实现对文本内容更为方便的访问	FrontPage、Adobe Dreamweaver

讨论与交流

文本素材的获取途径有很多，如直接在编辑软件中输入等。如果你读书时发现有段文字非常有价值，想保存下来，放到自己的QQ空间，又不想一个字一个字地输入，有什么办法呢？

提示

利用OCR(optical character recognition，光学字符识别)软件是一种常用的将扫描图像转换成文本的方法。可以通过扫描仪、传真机或任何摄影器材，将影像转入计算机。也可以通过手机App，将智能手机变为随身携带的扫描仪。

2. 图形

1）图形定义

矢量图形是用一组数学指令来描述图像内容的图形，这些指令定义了构成图像的所有直线、曲线等要素的形状、位置等信息。使用矢量图的最大好处是任意缩放图像和以任意分辨率的设备输出图像时，都不会影响图像的品质，也就是说，矢量图的质量不受分辨率高低的影响。编辑处理矢量图形的软件通常称为绘图程序，例如，AutoCAD、Illustrator、Flash、CoreIDRAW、FreeHand、3ds Max等软件处理的就是矢量图。

2）计算机图形的绘制

图形绘制过程中，每一个像素的颜色及其亮度都要经过大量的计算才能得到，因此绘制过程的计算量很大，目前PC机所配置的图形卡(显卡)上安装了功能很强的专用绘图处理器，它能承担绘制过程中的大部分计算任务。

3）常用矢量图形文件格式

（1）CDR格式文件。CDR是CorelDRAW中的一种矢量图形文件格式，它是所有CorelDRAW应用程序中均能够使用的一种文件格式。

（2）AI格式文件。AI是一种矢量图形文件，适用于Adobe公司的Illustrator软件的输出格式。AI文件是一种分层文件，用户可以对图形内所存在的层进行操作。

（3）DWG格式文件。DWG是AutoCAD中使用的一种图形文件格式。

3. 图像

现实世界中通过扫描仪、数码相机等设备获取的图像，称为点阵图像或位图图像，简称为图像（image）。数字图像的最小元素称为像素，数字图像的大小是由“水平像素数×垂直像素数”来表示的。每个像素值不再只占一位，而是需要用许多位表示。例如，一个像素用8位表示时，黑白图像可以表示出256种灰度等级，彩色图像可以表示出256种颜色。如果用24位表示一个彩色像素，那么，它可以表示出1677万种颜色，称为真彩色。

数字图像占用的存储量极为巨大，例如，一幅能在标准VGA（分辨率为640×480）显示屏上做全屏显示的真彩色图像（即以24位表示），其存储量为

$$640 \times 480 \times 24 \div 8\text{B} = 921\ 600\text{B} = 900\ (\text{KB})$$

由此可见，数字图像数据量之大。因此，对数字图像进行压缩，使它能以较小的存储量进行存储和传送，就成为关键的问题。

常用数字图像文件格式如表 16.2.2 所示。

表 16.2.2 数字图像文件格式

分类	特点
BMP 格式文件	BMP 格式是 Windows 操作系统中的标准图像文件格式，其文件的扩展名是.bmp。Windows 环境下的所有图像处理软件都支持 BMP 格式，但图像所占用的存储空间较大，不易在网上传输
JPEG 格式文件	JPEG 格式是基于 DCT 压缩算法进行存储的图像文件格式，其文件的扩展名是.jpg。这种格式的图像，文件占用的存储空间小，易于传输，是目前应用非常广泛的一种图像文件格式
GIF 格式文件	GIF（图形交换格式）是由 CompuServe 公司为了制定彩色图像传输协议而开发的图像文件格式，其文件的扩展名是.gif。它最多支持 256 种颜色，采用 LZW 压缩方式存储，压缩比高，图像占用的存储空间小，便于在网上传输。目前，在数字媒体制作和网页制作中经常使用这种格式的图像文件
PSD 格式文件	PSD 格式是 Adobe 公司开发的图像处理软件 Photoshop 中自带的标准文件格式，很少有其他的图像处理软件能读取这种格式，其文件的扩展名是.psd。它支持图层、通道、蒙版和不同色彩模式的各种图像特征，能够将不同的物件以层的方式分离保存，方便修改和制作各种特殊效果。PSD 格式采用非压缩方式保存，文件占用的存储空间较大
TIFF 格式文件	TIFF 标记图像文件格式是 Aldus 和 Microsoft 公司为扫描仪和桌面出版系统研制开发的较为通用的文件格式，其文件的扩展名是.tif。其特点是图像格式复杂，存储信息多，图像质量高。该格式文件在出版印刷业中应用广泛
PNG 格式文件	PNG（可移植网络图形）是一种新兴的网络图像格式，它综合了 GIF 和 JPEG 的优点，是目前最不失真的图像文件格式，它采用无损压缩的方式，其最大的特点是显示速度快

小贴示

图形是向量概念，它的基本元素是图元，也就是图形指令；而图像是位图的概念，它的基本元素是像素。图像显示更逼真，而图形则更加抽象，仅有点、线、面等元素。

图形的显示过程是依照图元的顺序进行的；而图像的显示过程是按照位图中所安排的像素的顺序进行的，如从上到下，或从下到上，与图像内容无关。

4. 音频

声音的获取设备主要有麦克风和声卡，另外还包括录音笔等外置设备。

数字化音频数据是以文件的形式保存在计算机中的。目前常用的数字化音频的文件格式主要有 WAV、MIDI、MP3、WMA、RA 等。

（1）WAV 格式文件。扩展名为.wav，是 Windows 本身存放数字声音的标准格式。几乎所有的音频处理软件都支持 WAV 格式，使用媒体播放机可以直接播放。利用该格式记录的声音文件能够和原声基本一致，质量非常高，但是文件的占用空间很大，不适合在网络上传播。

（2）MIDI 格式文件。MIDI 文件记录的不是乐曲本身，而是一些描述乐曲演奏过程中的指令，主要用于计算机声音的重放和处理。该文件扩展名是.mid。它占用的存储空间比 WAV 文件要小很多。

（3）MP3 格式文件。MP3 格式是现在网络流行的声音文件格式，其扩展名为.mp3。该文件的特点是压缩比高，文件数据量小，音质好，能够在个人计算机、MP3 播放机上进行播放。

(4) WMA 格式文件。WMA 是微软公司强力推出的数字音乐文件格式，文件扩展名是.wma。其最大特点是具有版权保护功能，甚至能限定播放机器播放时长及播放次数，这对于作为版权拥有者的唱片公司来说是一种相当有用的压缩技术。

(5) RA 格式文件。RA 是一种音乐压缩格式，其压缩比可高达 96 : 1，扩展名是.ra。经过压缩的音乐文件可以在上网的计算机中流畅回放。这种格式文件的最大特点是可以实现网上实时播放，即边下载边播放。

5. 视频

视频泛指将一系列静态影像以电信号的方式加以捕捉、记录、处理、储存、传送与重现的各种技术。目前常用的数字化视频的文件格式主要有 AVI、MOV、ASF、WMV、FLV、MP4 等。

(1) AVI 格式。这是一种桌面系统上的低成本、低分辨率的视频格式。它的一个重要的特点是具有可伸缩性，性能依赖于硬件设备。它的优点是可以跨多个平台使用，缺点是占用空间大。

(2) MOV 格式。MOV 是 Apple 公司为 Mac 计算机上的一种图像视频处理软件提供的两种标准图像和数字视频格式，即可以支持静态的 PIC 和 JPG 图像格式，动态的基于 Indeo 压缩法的 MOV 和基于 MPEG 压缩法的 MPG 视频格式。

(3) ASF 格式。ASF 是微软公司推出的可以直接在网上观看视频节目的文件压缩格式。ASF 使用了 MPEG4 的压缩算法，压缩率和图像的质量都很不错。

(4) WMV 格式。这是一种独立于编码方式的在 Internet 上实时传播多媒体的技术标准。WMV 的主要优点在于：可扩充的媒体类型、本地或网络回放、可伸缩的媒体类型、流的优先级化、多语言支持、扩展性等。

(5) FLV 格式。这是在 Sorenson 公司的压缩算法的基础上开发出来的。由于它形成的文件极小、加载速度极快，使得网络观看视频文件成为可能。

(6) MP4。MP4 是一种常见的多媒体容器格式，被认为可以在其中嵌入任何形式的数据。MP4 格式的官方文件后缀名是.mp4，还有其他的以 MP4 为基础进行的扩展或者是缩水版本的格式，包括 M4V、3GP、F4V 等。

6. 数字媒体项目开发的一般过程

一般来说，开发一个数字媒体项目需要经历以下阶段：数字媒体项目策划与分析、素材采集与媒体制作、编制程序、测试和软件质量的确认等。各个阶段需要解决的问题不同，采用的技术手段也不同。

1) 策划与分析

策划是项目的灵魂。项目的确立、项目的类别、界面设计和操作模式都出自策划。在这个阶段中负责人的主要任务有：明确该项目的应用领域；确定使用对象；了解实现的可行性；考虑要综合哪几种媒体；需要哪些人员参与开发；安排各阶段的时间和工作进度。另外，一个好的软件开发平台可以起到事半功倍的效果，所以选择好的、适用的系统开发平台必不可少。

2) 素材采集与媒体制作

该阶段是最为艰苦的，非常费时，需要和多种数字媒体软件打交道。要根据需求进行数字媒体数据采集，并将采集到的各种数据文件，转换成数字媒体开发工具所要求的数据格式。还要制作图像、动画、视频及音频等。然后通过数字媒体开发工具将这些数据有机地集成起来，实现数字媒体项目的制作。特别重要的是，要对数字媒体数据做备份，这样如果文件损坏，还可以使用备份文件。

3）编制程序

本阶段包括程序细分、界面制作、图形图像、动画和声音的组合。具体任务可分为两个部分：一是人机界面部分，包括菜单、热区驱动、触摸屏驱动、信息提示等人机交互的接口功能；二是数字媒体演示部分，将搜索到的数字媒体信息按要求播放，需要处理视频与声音同步、实时性等问题。

编程的方法有两种：一种是语言编程，即用某种高级语言或一些数字媒体开发包中的函数来完成；另一种是使用创作工具自动编程。

4）测试

数字媒体项目设计制作完成后，要进行认真的测试。测试的目的是发现程序运行中的错误并加以改正。

根据面向对象的程序设计思想，测试工作从项目的开始就应该进行；在原型中进行集成性和交互性的测试，对每个数据文件检测其可用性；项目中的每个功能模块都应该经过测试，除检查它们的可用性外，还要检查每一幅画面屏幕，检查其风格是否一致、画面是否美观、音频是否恰当等。然后根据测试的结果，进一步修改和完善。

5）软件质量的确认

可以从下面 4 个方面对数字媒体项目的软件质量进行确定。

（1）内容：确认软件内容完全符合开发宗旨。

（2）界面：通过对软件进行全面测试，确认软件的人机交互性符合要求。

（3）数据：应保证数据调用完整无误。

（4）性能：由用户代表进行检验测试，确保符合开发协议或者开发说明书的要求。

实践与体验

效果声录制——鸟声

多媒体作品中添加效果声，会增加作品的真实性和趣味性，在动漫作品或游戏中不可缺少这些效果声。效果音可以从网络下载，也可以购买所需的音频素材。

（1）录制音频之前首先要准备好麦克风，可以把麦克风插在声卡的 MIC 插孔里。

设置麦克风音量，具体如下：

右击任务栏上的小喇叭图标，在弹出的快捷菜单中选择“声音”菜单项，随后就会弹出“声音”对话框，在录制设备列表中选择“麦克风”，单击“属性”按钮，弹出“麦克风属性”对话框，在“麦克风属性”对话框中，修改“麦克风”音量百分比和“麦克风加强”的分贝值，单击“确定”按钮，如图 16.2.1 所示。

温馨提示：如果是从计算机播放的声源中录制（如录制电脑软件或游戏中的声音），则须勾选“立体声混音”选项。一般把这种方式的录制称为“内录”，而把“麦克风”录音称为“外录”。要使用音频线录制外部设备的声音，则需勾选“线路输入”选项。

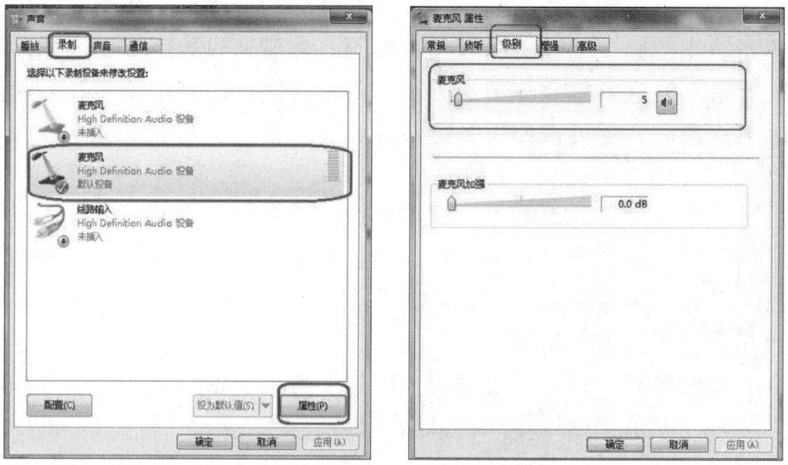

图 16.2.1 选择麦克风录音设备

提示

如果当前电脑端没有安装 Audition 软件，我们可以直接使用系统中自带的录音软件录制声音，单击“开始”→“附件”→“录音机”，单击麦克风标志开始录制，再次单击停止录制。

（2）用搜索引擎查找包含鸟声素材的网站，用 Windows Media Player 播放素材，同时用 Audition 软件把声音录制下来，本任务所用鸟声素材来自 www.findsounds.com。

（3）正式录音。录音时要特别掌握录音的电平高低，为了使声音的音量尽量大，而又不超过声卡的最高限度，就要先试录一下。执行“文件”➜“新建”菜单命令，设置 44 100Hz 的采样频率、立体声和 32 位的量化后单击“录音”按钮，然后播放鸟声素材，观察波形的振幅和电平表的显示。如果电平过高，就将“录音控制”面板中的音量控制滑块向下滑动；否则，就将音量控制滑块向上滑动，反复观察和调整之后，使电平处于恰当的状态。

录音电平调整好后，再新建一个文件，单击“录音”按钮，开始正式录音，录制结束后，裁剪多余的音频段并聆听效果，满意后将文件保存为“鸟声.mp3”。

任务 16.3 体验数字媒体

任务描述

为了让活动有更多的人关注，小吴准备制作活动电子海报在朋友圈推广，同时为了提高节目演出效果，还需要为节目制作背景 MV，从网上下载的图片有的尺寸不合适，有的有水印效果，音乐 MV 需要集合视频与声音，小吴不具备专业的视频编辑能力，这可怎么办呢，我们一起来给他想想办法吧。

任务目标

- 了解美国秀秀，掌握图片美化技巧。
- 会安装多媒体软件，掌握图像美化排版的基本操作。
- 了解 MV 视频制作流程，掌握剪影工具的使用技巧和视频字幕的制作。

任务实现

美图秀秀 App 目前全球用户已超过 5 亿，其独有的照片特效、强大的人像美容、丰富的拍摄模式、好玩有趣的贴图等功能，让你随时随地记录、制作美图，一键分享到新浪微博、人人网、QQ 空间等。

1. 电子封面制作

（1）导入素材。打开美图秀秀 App，点击“图片美化”，选择需要处理的图片素材，并将其导入，如图 16.3.1 所示。

（2）裁剪图片。点击“编辑”，根据图片素材特点，选取合适的构图，突显主题，选择直角“』”标记，可以随意选取图片尺寸，确定尺寸后，点击右下角“✓”，返回美图主页面，如图 16.3.2 所示。

图 16.3.1　导入素材

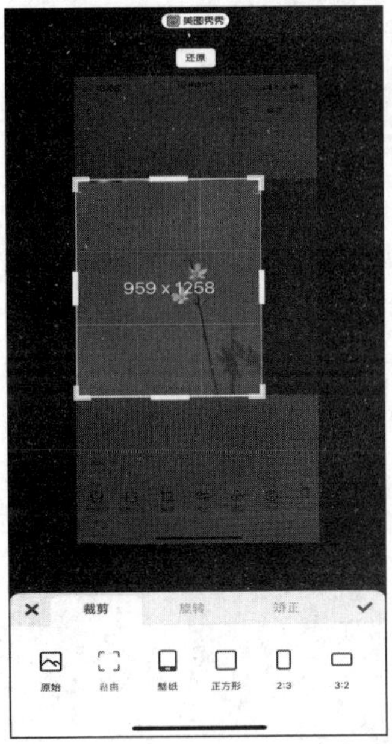

图 16.3.2　裁剪图片

（3）素材明暗度调节。点击“调色”，进入色彩调节页面，选择“暗部”，通过拉动上方的数值，可将素材中偏暗的地方调亮，如照片偏亮，则可以通过选择“高光”调节亮度，也可选择“亮度”整体调节素材明暗度，“对比度”指的是一幅图像中明暗区域最亮的白和最暗的黑之间不同亮度层级的测量，差异范围越大代表对比越大，差异范围越小代表对比越小。确定色彩亮度后，点击右下角“✓”，返回美图主页面，如图 16.3.3 所示。

（4）去除水印。一般网络下载的图片素材均有水印标记，可使用“消除笔”去水印。选择“消除笔”，选择右上角水印位置，选取合适的画笔大小，轻轻抹去水印文字，点击右下角“✓”，返回美图主页面，如图 16.3.4 所示。

（5）美化素材。打开“滤镜”界面，选取合适的滤镜效果，美化素材图片，如图 16.3.5 所示。

图 16.3.3 设置明暗度

图 16.3.4 去除水印

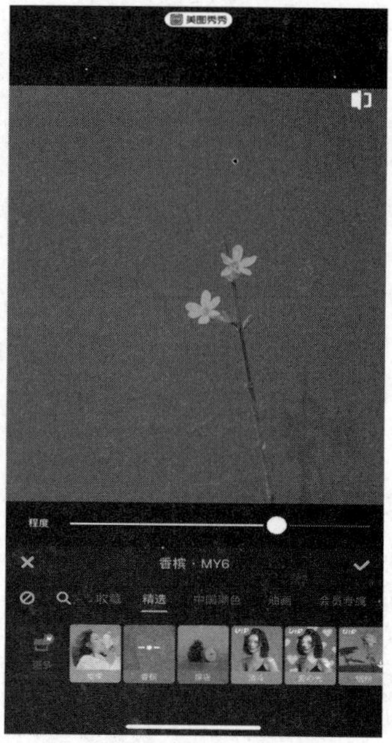

图 16.3.5 添加滤镜效果

（6）添加海报文字。对素材图片添加海报文字，打开“文字”界面，可在“素材”→“热门”中选择合适的模板，输入“奔跑吧青春”文字内容，在“字体”中可下载个性字体，调节字体，以及描边、颜色、字间距等效果。用同样的方法输入海报其他文案内容，如图 16.3.6 所示。

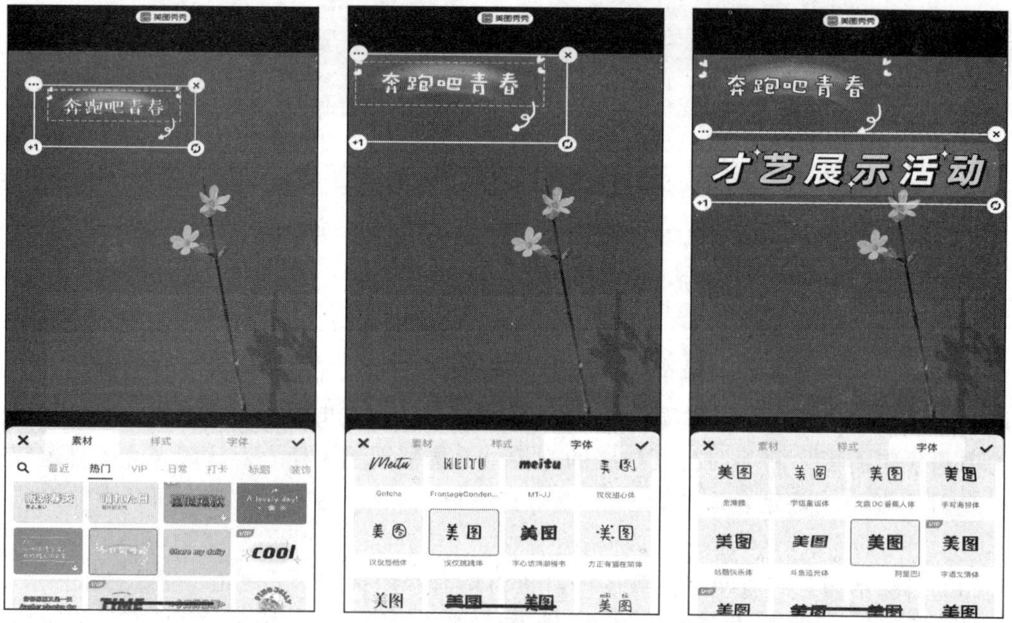

图 16.3.6 调节海报文字效果

（7）添加边框效果。选择“边框”，如图 16.3.7 所示。

（8）保存图片，最终效果如图 16.3.8 所示。

图 16.3.7 添加边框效果

图 16.3.8 最终效果图

2. MV 制作

（1）导入与编辑媒体素材。打开剪映软件，点击“开始创作”即可进入视频编辑界面，界面的下面显示的是草稿箱。

（2）导入多个视频或照片。在素材中选择多个素材并将它们导入到视频轨上，如图 16.3.9 所示。

图 16.3.9 导入多个素材

（3）视频和图片的大小调整。在时间轴中，单击一个视频素材或照片，选择“编辑”→

“裁剪”，比例选择 16∶9，通过调节角度标尺角度调整图片角度。可以在画布中进行背景颜色的调整，也可以设置底色为模糊效果，选择“背景”→“画布模糊”，如图 16.3.10 所示。

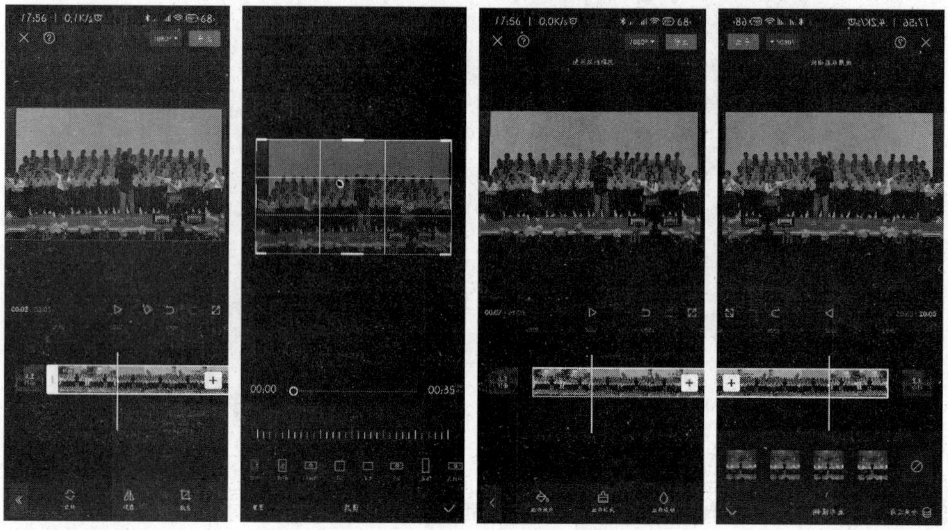

图 16.3.10 选择背景

（4）替换素材。媒体素材可以在时间轴的当前位置被替换。选择工具栏中“替换”，进入素材选择界面，查找要替换的媒体素材，选中轻点一下就会自动替换时间轴中的素材，如图 16.3.11 所示。

（5）分割素材。在时间轴中选择要分割的素材，单击可以将素材分割成两部分。如果要删除不需要的素材，可选中素材后点击“删除”，如图 16.3.12 所示。

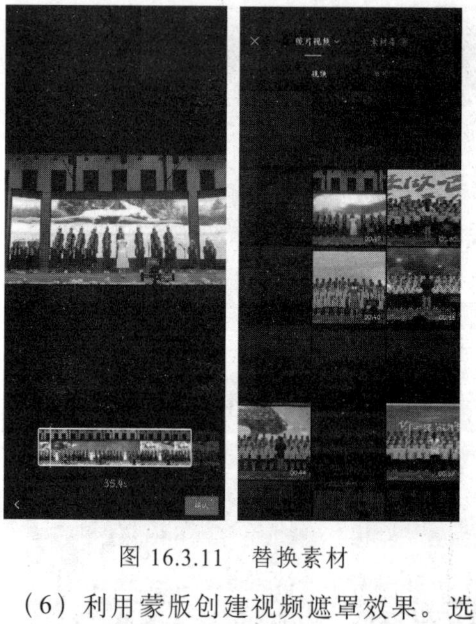

图 16.3.11 替换素材

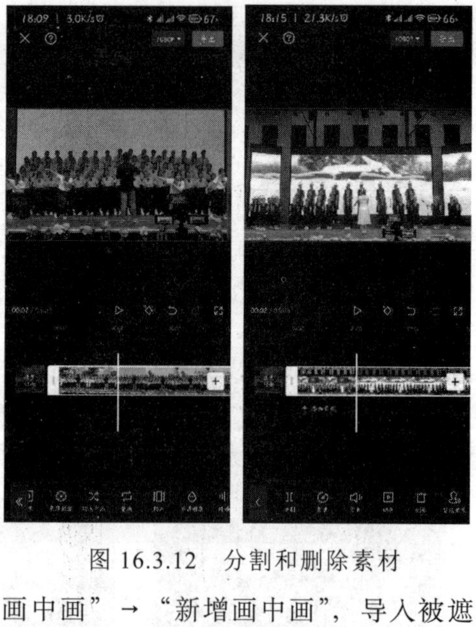

图 16.3.12 分割和删除素材

（6）利用蒙版创建视频遮罩效果。选择“画中画”→“新增画中画”，导入被遮罩素材，调整好位置，选择“蒙版”→“圆形”，调整蒙版区域，如图 16.3.13 所示。

3. 添加音频

（1）选择“音乐”→“导入音乐”，点击本地音乐，选取要添加的音乐，点击右侧

“使用”；等音频加载出来后，点击“导出”，如图 16.3.14 所示。

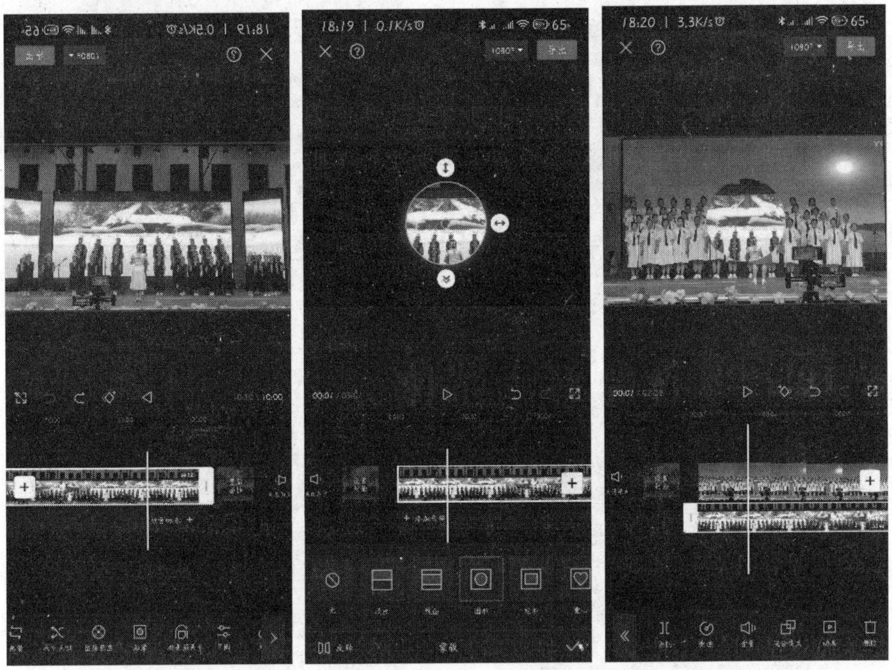

图 16.3.13　创建视频遮罩效果

图 16.3.14　导入本地音乐

（2）选择“音乐”→“导入音乐”，点击链接下载，可以分享粘贴抖音或其他平台分享来的视频或音乐链接，点击右侧“使用”，如图 16.3.15 所示。

（3）选择“音乐”→“导入音乐”，点击提取音乐，可以提取视频中的音乐，在本地视频中提取声音，如图 16.3.16 所示。

（4）录制画外音素材，选择“录音”，按住录音即可开始画外音录制，结束后点击“✓”。

图 16.3.15　下载音乐

图 16.3.16　提取音乐

（5）音频分离。从视频素材中分离音频轨，选择“音频分离”，如图 16.3.17 所示。

（6）调整素材音量。在时间轴中，选择音频素材，选择“音量”，从音量对话框中拖动音量滑块调整音量大小，如图 16.3.18 所示。

图 16.3.17　音频分离

图 16.3.18　调整素材音量

4. 标题和字幕

（1）通过剪映可以非常便捷地制作片头及片尾。打开剪映，在下方工具栏中选择“剪同款”，输入关键词，选择适合的模板，从相册中导入本地视频，修改文本编辑，即可制作出带特殊效果的专业化外观标题。

（2）选择“文本”→“新建文本”，手动添加字幕效果，可以精确匹配字幕和素材。还可以使用“识别字幕”，自动添加字幕，在较短时间内获得更为精确的结果，如图 16.3.19 所示。

5. 转场

转场可以使影片从一个场景平滑地切换为下一个场景，这些转场可以应用到时间轴中的所有轨道上的素材之间。

（1）添加转场。选择素材之间，进入转场编辑界面，选择合适的转场效果，同时，可以通过拉动下方的滑动块调节转场时间。选择应用到全部，将同样类型的转场添加到其他素材，结束后点击“√”，效果如图 16.3.20 所示。

图 16.3.19　自动识别字幕

图 16.3.20　添加转场效果

（2）删除转场。点击转场标记，选择“无”，可以删除转场特效。

6. 保存

影片制作完成后，要进行保存，选择“导出”，所有素材通过渲染过程整合在一起，完成 MP4 视频文件的创建。

单元小结

数字媒体的内容主要包括数字动漫、数字游戏、数字影音、数字学习、数字出版、数字展示等多个方面。虽然其形式多种多样，但本质都是一样的，都是数字化产品，所以生成技术也有很多相似之处。如数字动漫技术和数字游戏技术都以计算机图形学为基础。如何利用多种媒体的表现方式，有针对性地、有效地把人们的各种感官有机地结合起来以获取相关的信息，从而更吸引人的注意力，使传达的信息更易于为人所接受和理解，也是未来数字媒体技术突破的方向之一。

课后习题

一、填空题

1. 媒体是一种工具，包括信息和________两个基本要素。
2. 多媒体计算机常用的声音输入设备是________。
3. 数字图像的最小元素称为________。
4. 一幅未压缩的 1024 × 768 大小的 16 位彩色图像的储存空间为________。

二、简答题

1. 简述多媒体项目开发的一般过程。
2. 在网上下载一首 MP3 格式的歌曲，用一款音频处理软件将其分别转换为其他数字音频格式，比较其文件大小和声音质量的变化。

三、操作题

1. 以“母亲节”为主题，制作一份属于你和母亲专属的电子海报，要求内容充实、图文并茂，所需素材可从网络上查找，也可以自行拍摄。
2. 用剪映软件录制一个你喜欢的童话故事，选择一首舒缓的配乐，可以选用变声效果。

17 单元 虚拟现实

单元导读

虚拟现实（virtual reality，VR）技术是一种新型信息技术。它以计算机技术为主，利用并综合三维图形动画技术、多媒体技术、仿真技术、传感技术、显示技术、伺服技术等多种高科技的最新发展成果，利用计算机等设备来产生一个逼真的三维视觉、触觉、嗅觉等多种感官体验的虚拟世界，从而使处于虚拟世界中的人产生一种身临其境的感觉。

随着社会生产力和科学技术的不断发展，各行各业的需求日益旺盛，虚拟现实技术也取得了巨大进步，并逐步成为一个新的科学技术领域。

任务 17.1 虚拟现实概述

任务描述

小周同学周末在学校周边的购物广场发现了刺激冒险、科技感满满的 VR 体验场馆，戴上 VR 眼镜后身临其境的感觉让他对虚拟现实技术产生了浓厚的兴趣。那到底什么是虚拟现实呢？接下来我们一起学习相关知识吧。

任务目标

- 理解虚拟现实的基本概念。
- 了解虚拟现实技术的发展历程。
- 了解虚拟现实系统的构成。
- 了解虚拟现实的特征。
- 了解虚拟现实系统的分类。

任务实现

17.1.1 虚拟现实的概念

所谓虚拟现实，顾名思义，就是虚拟和现实相互结合。从理论上来讲，虚拟现实技术是一种可以创建和体验虚拟世界的计算机仿真系统，它利用计算机生成一种模拟环境，使用户沉浸到该环境中。

这种虚拟的环境是通过计算机图形构成的三维数字模型，并编制到计算机中去生成一个以视觉感受为主，包括听觉、触觉的综合可感知的人工环境，从而使人在视觉上产生一种沉浸于这个环境的感觉。人们通过虚拟环境可以直接观察、操作、触摸、检测周围环境及事物的内在变化，并能与之发生“交互”作用，与计算机很好地“融为一体”，获得一种“身临其境”的感觉，如图 17.1.1 所示。

图 17.1.1 体验虚拟现实技术

17.1.2　虚拟现实技术的发展历程

虚拟现实技术像大多数技术一样，不是突然出现的，它经过军事、企业界及学术实验室长时间研制开发后才进入民用领域。虚拟现实技术的发展大致分为以下 3 个阶段。

1. 虚拟现实技术探索阶段（20 世纪 70 年代以前）

1956 年，美国人莫顿·海利希（Morton Heilig）研制出一套称为 Sensorama Simulator 的多通道体验的显示系统，如图 17.1.2 所示。这是一套只供一人观看、具有多种感官刺激的立体显示装置，它是模拟电子技术在娱乐方面的具体应用。它模拟驾驶汽车沿曼哈顿街区行走，生成立体的图像、立体的声音效果，并产生不同的气味，座位也能根据场景的变化产生摇摆或振动，还能感觉到有风在吹动。

图 17.1.2　Sensorama Simulator

1968 年，美国著名计算机科学家伊凡·苏泽兰（Ivan Sutherland）设计了第一款头盔式立体显示器（helmet mounted display，HMD），如图 17.1.3 所示，成为三维立体显示技术的奠基性成果。HMD 的诞生标志着头戴式虚拟现实设备与头部位置追踪系统的诞生，也为现今的虚拟技术奠定了坚实基础。Ivan Sutherland 也因此被称为虚拟现实之父，他也是计算机图形学之父。

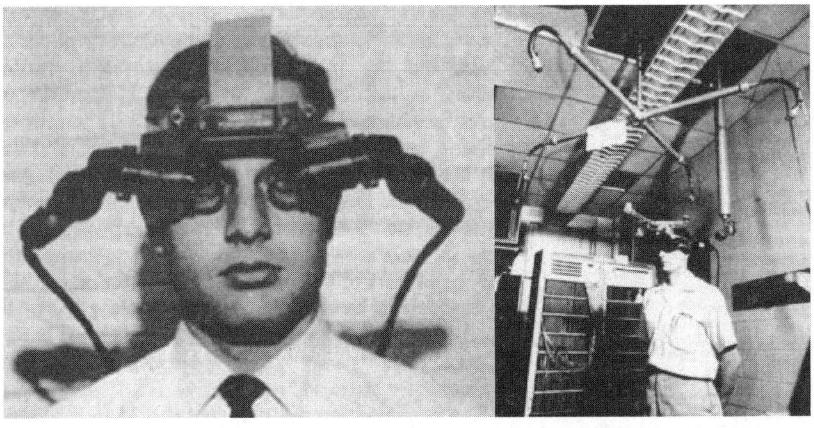

图 17.1.3　第一款头盔式立体显示器

2. 虚拟现实技术系统化阶段（20 世纪 80 年代初期到 80 年代中期）

进入 20 世纪 80 年代，美国宇航局（NASA）及美国国防部组织了一系列有关虚拟现实技术的研究，并取得了令人瞩目的研究成果，从而引起了人们对虚拟现实技术的广泛关注。

1982 年，美国空军开发了视觉耦合机载系统模拟器（visually coupled airbone system simulator，VCASS），如图 17.1.4 所示。这是给飞行员配备的一种头盔，它可以将计算机生成的三维虚拟地形投射到飞行员的视野中。

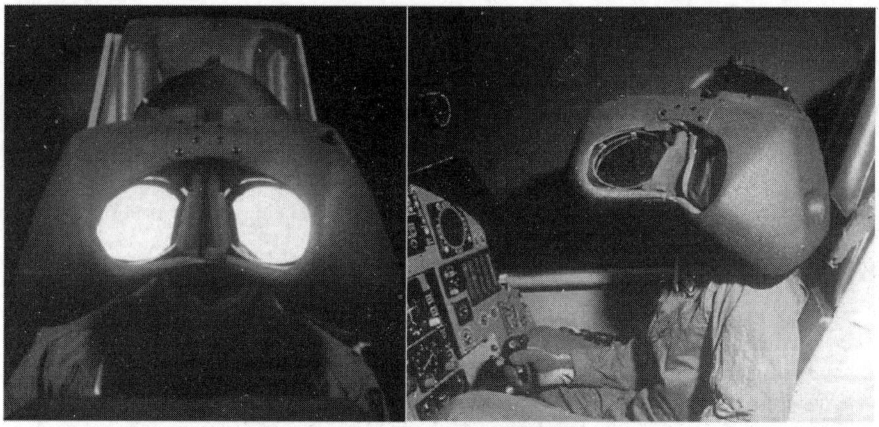

图 17.1.4 视觉耦合机载系统模拟器

1989 年，美国 VPL 公司的创始人杰伦·拉尼尔（Jaron Lanier）正式提出了“virtual reality（虚拟现实）”一词。

3. 虚拟现实技术高速发展阶段（20 世纪 80 年代末期到 21 世纪初）

进入 20 世纪 80 年代末期后，迅速发展的计算机硬件技术与不断改进的计算机软件系统极大地推动了虚拟现实技术的发展，使得基于大型数据集合的声音和图像的实时动画制作成为可能，人机交互系统的设计不断创新，很多新颖、实用的输入/输出设备不断地出现在市场上，而这些都为虚拟现实系统的发展打下了良好的基础。

虚拟现实技术的问世是 Internet 继纯文字信息时代之后的又一次飞跃，其应用前景不可估量。随着 Internet 传输速度的提高，虚拟现实技术也趋于成熟。因此，虚拟现实全球网的问世已是大势所趋。这种网络将广泛地应用于工程设计、教育、医学、军事、娱乐等领域，虚拟现实技术改变人们生活的日子即将来临。

讨论与交流

2021 年，一个新奇的概念名词在网络上蹿红，引发科技界和投资界的关注。这个概念名词就是“元宇宙”。讨论你所知道的关于元宇宙的相关信息，探索元宇宙和虚拟现实技术的关系。

17.1.3 虚拟现实系统的构成

一个典型的虚拟现实系统主要由计算机、输入/输出设备、应用软件和数据库等部分组成。

1. 计算机

在虚拟现实系统中，计算机起着至关重要的作用，可以称为虚拟现实世界的心脏。它负责整个虚拟世界的实时渲染计算，用户和虚拟世界的实时交互计算等功能。由于计算机生成的虚拟世界具有高度复杂性，尤其在大规模复杂场景中，渲染虚拟世界所需的计算量级巨大，因此虚拟现实系统对计算机配置的要求非常高。

2. 输入/输出设备

虚拟现实系统要求用户采用自然的方式与虚拟世界进行交互，传统的鼠标和键盘是无法实现这个目标的，这就需要采用特殊的交互设备，用于识别用户各种形式的输入，并实时生成相对应的反馈信息。目前，常用的交互设备有用于手势输入的数据手套、用于语音交互的三维声音系统、用于立体视觉输出的头盔显示等，如图 17.1.5 所示。

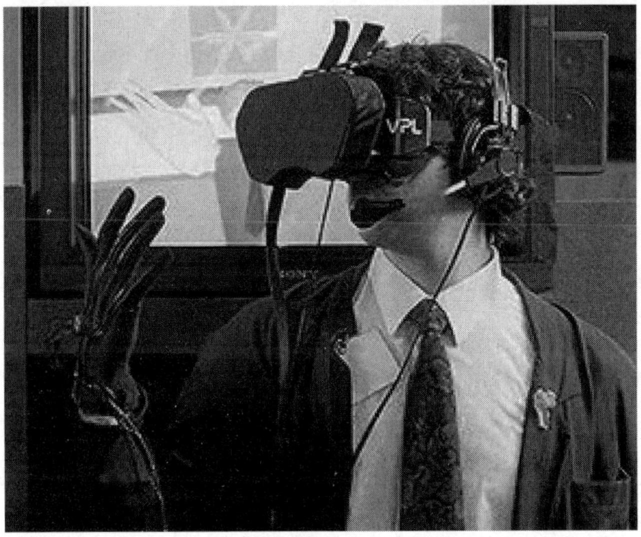

图 17.1.5 虚拟现实输入/输出设备

3. 应用软件

为了实现虚拟现实系统，需要很多辅助软件的支持。这些辅助软件一般用于准备构建虚拟世界所需的素材。例如，在前期数据采集和图片整理时，需要使用 AutoCAD 和 Photoshop 等二维软件和建筑制图软件；在建模贴图时，需要使用 3DMax、MAYA 等主流三维软件；在准备音视频素材时，需要使用 Audition、Premiere 等软件。

为了将各种媒体素材组织在一起，形成完整的具有交互功能的虚拟世界，还需要专业的虚拟现实引擎软件，它主要负责完成虚拟现实系统中的模型组装、热点控制、运动模式设立、声音生成等工作。另外，它还要为虚拟世界和后台数据库、虚拟世界和交互硬件建立起必要的接口联系。成熟的虚拟现实引擎软件还会提供插件接口，允许客户针对不同的功能需求而自主研发一些插件。主流虚拟现实引擎有 Unreal Engine、Unity 3D、

X3D.Engine、CryEngine 等。

4. 数据库

虚拟现实系统中，数据库的作用主要是存储系统需要的各种数据，如地形数据、场景模型、各种制作的建筑模型等信息。对于所有在虚拟现实系统中出现的物体，在数据库中都需要有相应的模型。

17.1.4 虚拟现实的特征

1. 交互性

交互性指用户对模拟环境内物体的可操作程度和从环境得到反馈的自然程度（包括实时性）。例如，用户可以用手去直接抓取模拟环境中虚拟的物体，这时手有握着东西的感觉，并可以感觉物体的重量，视野中被抓的物体也能立刻随着手的移动而移动。用户借助专用的三维交互设备与虚拟环境之间以自然的方式进行交互，这样的交互比平面图形交互拥有更加丰富的形式。

2. 沉浸性

沉浸性又称临场感，指用户感到作为主角存在于模拟环境中的真实程度，它被认为是表征虚拟现实环境性能的重要指标。理想的模拟环境应该使用户难以分辨真假，使用户全身心地投入计算机创建的三维虚拟环境中，该环境中的一切看上去是真的，听上去是真的，动起来是真的，甚至闻起来、尝起来等一切感觉都是真的，仿佛置身于真实的客观世界中。

3. 构想性

构想性又称想象性。虚拟现实技术应具有广阔的可想象空间，可拓宽人类认知范围，不仅可再现真实存在的环境，也可以随意构想客观不存在的，甚至是不可能发生的环境。

4. 多感知性

多感知性表示计算机技术应该拥有很多感知方式，如听觉、触觉、嗅觉等。理想的虚拟现实技术应该具有一切人所具有的感知功能。由于相关技术，特别是传感技术的限制，目前大多数虚拟现实技术所具有的感知功能仅限于视觉、听觉、触觉、运动等几种。

5. 自主性

自主性是指虚拟环境中物体依据物理定律动作的程度，如当受到力的推动时，物体会向力的方向移动、翻倒或从桌面落到地面等。

17.1.5 虚拟现实系统的分类

在实际应用中，我们根据虚拟现实技术对“沉浸性”程度的高低和“交互性”程度的不同，划分为 4 种典型类型：沉浸式虚拟现实系统、桌面式虚拟现实系统、增强式虚拟现实系统、分布式虚拟现实系统。其中桌面式虚拟现实系统因其技术非常简单，实用性强，需投入的成本也不高，在实际应用中较为广泛。

1. 沉浸式虚拟现实系统

沉浸式虚拟现实系统（immersive VR）是一种高级的、较理想的虚拟现实系统。它可以提供一个完全沉浸的体验，使用户有一种仿佛置身于真实世界之中的感觉。它通常采用洞穴式立体显示装置或头盔式显示器等设备，首先把用户的视觉、听觉和其他感觉封闭起来，并提供一个新的、虚拟的感觉空间，利用空间位置跟踪器、数据手套、三维鼠标等输入设备和视觉、听觉等设备，使用户产生一种身临其境、完全投入和沉浸于其中的感觉，如图 17.1.6 所示。

图 17.1.6 沉浸式虚拟现实系统

沉浸式虚拟现实系统主要具有以下特点:

- 高度实时性能。
- 高度的沉浸感。
- 良好的系统集成度与整合性能。
- 良好的开放性。
- 能同时支持多种输入/输出设备并行工作。

2. 桌面式虚拟现实系统

桌面式虚拟现实系统（desktop VR）也称窗口虚拟现实系统，是利用个人计算机或初级图形工作站等设备，以计算机屏幕作为用户观察虚拟世界的一个窗口，采用立体图形、自然交互等技术，产生三维立体空间的交互场景，通过包括键盘、鼠标和力矩球等各种输入设备操纵虚拟世界，实现与虚拟世界的交互，如图 17.1.7 所示。

桌面式虚拟现实系统使用的硬件设备主要是立体眼镜和一些交互设备（如数据手套和空间跟踪设备等）。立体眼镜用来观看计算机屏幕中的虚拟三维场景的立体效果，它所带来的立体视觉能使用户产生一定程度的沉浸感。有时为了增强桌面虚拟现实系统的效果，在桌面虚拟现实系统中还可以借助于专业的投影设备，达到增大屏幕范围及多人观看的目的。

图 17.1.7 桌面式虚拟现实系统

桌面式虚拟现实系统主要具有以下特点:

- 用户处于不完全沉浸的环境，缺少完全沉浸、身临其境的感觉，即使戴上立体眼镜，他仍然会受到周围现实世界的干扰。
- 对硬件设备要求极低，有的简单型甚至只需要计算机，或是增加数据手套、空间跟踪设置等。
- 桌面式虚拟现实系统实现成本相对较低，应用相对比较普遍，而且它也具备了沉浸性虚拟现实系统的一些技术要求。

桌面式虚拟现实系统采用设备较少，实现成本低，对于开发者及应用者来说，应用桌面式虚拟现实技术是从事虚拟现实研究工作的初始阶段。

3. 增强式虚拟现实系统

在沉浸式虚拟现实系统中强调人的沉浸感，即沉浸在虚拟世界中，人所处的虚拟世界与现实世界相隔离，看不到真实的世界也听不到真实的世界。而增强式虚拟现实系统(augmented VR)既可以允许用户看到真实世界，同时也可以看到叠加在真实世界上的虚拟对象，它是把真实环境和虚拟环境组合在一起的一种系统，既可减少构成复杂真实环境的开销(因为部分真实环境由虚拟环境取代)，又可对实际物体进行操作(因为部分物体是真实环境)，真正达到了亦真亦幻的境界。在增强式虚拟现实系统中，虚拟对象所提供的信息往往是用户无法凭借其自身感觉器官直接感知的深层信息，用户可以利用虚拟对象所提供的信息来加强现实世界中的认知。

增强式虚拟现实系统主要具有以下特点:

- 真实世界和虚拟世界融为一体。
- 具有实时人机交互功能。
- 真实世界和虚拟世界是在三维空间中整合的。

增强式虚拟现实系统常见的有：基于台式图形显示器的系统，基于单眼显示器的系统(一个眼睛看到的是显示屏上虚拟世界，另一只眼睛看到的是真实世界)，基于光学透视式头盔显示器的系统，基于视频透视式头盔显示器的系统。

目前，增强式虚拟现实系统常用于医学可视化、军用飞机导航、设备维护与修理、娱乐、文物古迹的复原等。典型的实例是医生在进行虚拟手术中，戴上可透视性头盔式显示器，既可看到做手术现场的情况，也可以看到手术中所需的各种资料，如图 17.1.8 所示。

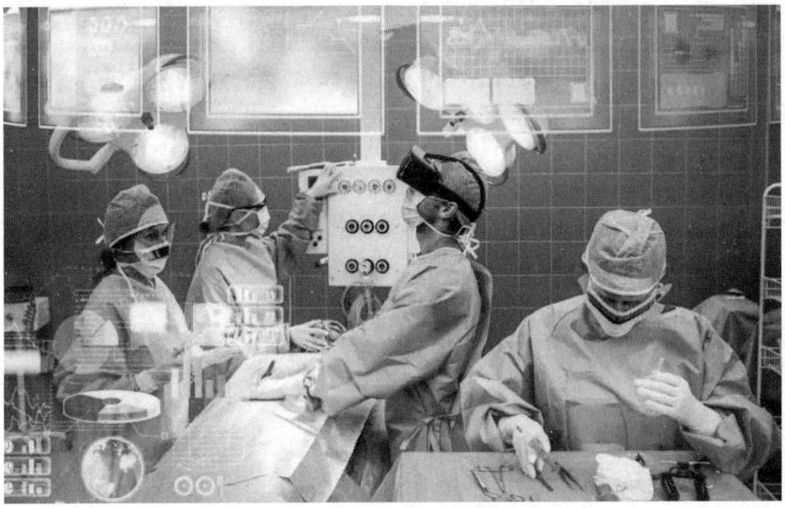

图 17.1.8　增强式虚拟现实系统

4. 分布式虚拟现实系统

近年来，计算机、通信技术的同步发展和相互促进成为全世界信息技术与产业飞速发展的主要特征。特别是网络技术的迅速崛起，使得信息应用系统在深度和广度上发生了本质性的变化，分布式虚拟现实系统是一个较为典型的实例。

分布式虚拟现实系统（distributed VR）是虚拟现实技术和网络技术发展和结合的产物，是一个在网络的虚拟世界中，位于不同物理位置的多个用户或多个虚拟世界通过网络相连接共享信息的系统。

分布式虚拟现实系统的目标是在沉浸式虚拟现实系统的基础上，将分布在不同地理位置上的多个用户或多个虚拟世界通过网络连接在一起，使每个用户同时参与到一个虚拟空间，计算机通过网络与其他用户进行交互，共同体验虚拟经历，以达到协同工作的目的，它将虚拟现实的应用提升到了一个更高的境界。

虚拟现实系统运行在分布式系统下有两方面的原因：一方面是充分利用分布式计算机系统提供的强大计算能力；另一方面是有些应用本身具有分布特性。

分布式虚拟现实系统有以下特点：

- 各用户具有共享的虚拟工作空间。
- 伪实体的行为真实感。
- 支持实时交互，共享时钟。
- 多个用户可以各自不同的方式相互通信。
- 资源信息共享以及允许用户自然操纵虚拟世界中的对象。

分布式虚拟现实系统在军事、远程教育、科学计算可视化、工程技术、建筑、电子商务、交互式娱乐、艺术等领域都有着极其广泛的应用前景。利用它可以创建多媒体通信、设计协作系统、实境式电子商务、网络游戏、虚拟社区等全新的应用系统。

讨论与交流

在你的生活中，用过哪些 VR 软件呢？

实践与体验

我们今天整理了一些超实用的 VR 软件。感兴趣的同学可以选择一款软件下载到计算机或手机中体验 VR 技术，其中部分功能的实现需要结合虚拟现实头盔或眼镜。

1）3D 播播

3D 播播 VR App 是一款 3D 电视播放服务的应用软件，该软件聚合了海量 3D 影视动画、360 度全景视频、VR 电影首播、3D 游戏大全、VR 游戏等在线高清内容，通过该软件可以观看来自全球各地的精彩 VR 全景视频。

2）全球地理地图册 3D

全球地理地图册 3D 是一款非常优秀的学习地理知识的软件，该软件可以带领用户学习相关的地理知识，虚拟参观世界各个国家、城市和景点，横跨全地球仪环游世界，获得真正有趣的体验。

3）蓝光 VR 大师

蓝光 VR 大师是一款非常好用的 VR 软件，有两大功能：VR 雷达和蓝光传屏。VR 雷达类似于一个 VR 交流的社区，用户可以分享 VR 内容；蓝光传屏可以将计算机和手机的屏幕匹配。蓝光 VR 大师还内含海量热门大片，还有 VR 游戏可以体验。

橙子VR
360° 交互视频编辑平台

4）橙子 VR

橙子 VR 是一款功能强劲、实用的虚拟现实平台，其电脑版提供 3D 精彩影视大片、VR 游戏、VR 热点资讯，配合市面上现有的虚拟眼镜，带来最舒适的 VR 体验。橙子 VR 适配了市面上绝大多数虚拟现实眼镜特有的反畸变算法，无论用哪款眼镜都能达到最佳的观影体验。

5）优酷 VR

优酷 VR App 是优酷官方推出的 VR 播放器，主要为用户提供众多 VR 视频资源。在这里你既可以裸眼观看 360° 全景视频，也可以通过 VR 眼镜类设备进行观看。

任务 17.2 虚拟现实的应用领域

任务描述

小周同学学习了这么多关于虚拟现实的理论知识后，很想知道除了通过虚拟现实技术能够玩到逼真的游戏外，还能有哪些非常重要的应用？我们不妨一起来了解一下。

任务目标

- 了解虚拟现实技术的应用领域。

任务实现

随着社会生产力和科学技术的不断发展，各行各业对虚拟现实技术的需求日益旺盛。虚拟现实技术也取得了巨大进步，并逐步成为一个新的科学技术领域。接下来我们一起看一看虚拟现实技术在各个领域的具体应用。

17.2.1 虚拟现实技术在教育领域的应用

根据研究数据显示，人们对亲身经历或者模拟的内容可以记住 90%，虚拟现实设备可以帮助使用者大幅提升学习效果。

第一，可以使学习者进入任何逼真的学习场合，如人体、太空、历史事件等，实现沉浸式的现场学习，提高学生的学习兴趣。第二，可以进行各种交互实验，特别是危险性高的，如某些化学实验，或者是真实环境下不可能做的实验，如人体解剖，或者太空遨游（图 17.2.1），从而提高学习成效。第三，虚拟现实和人工智能、大数据结合，可以构造虚拟教室、虚拟教学、虚拟老师，随时随地地构建教室学习场景。

图 17.2.1 VR“太空遨游”

17.2.2 虚拟现实技术在军事领域的应用

虚拟现实技术的最新成果往往被率先应用于航天和军事训练。在军事领域，利用虚拟现实技术可以模拟新式武器的操纵和训练，以取代危险的实际操作；可以在虚拟的或者仿真的环境中进行大规模的军事战场模拟（图 17.2.2），操作人员可以体验到真实的攻击和被攻击的感觉。

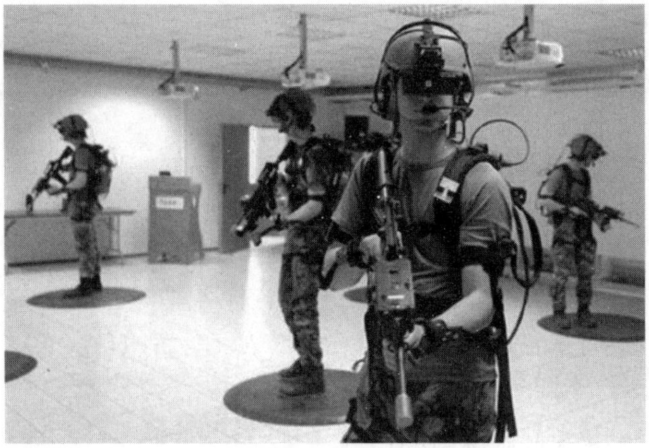

图 17.2.2 VR“军事战场”

17.2.3 虚拟现实技术在工业领域的应用

虚拟现实技术已大量应用于工业领域。对汽车工业而言，虚拟现实技术既是一个最新的技术开发方法，更是一个复杂的仿真工具，它旨在建立一种人工环境，人们可以在这种环境中以一种自然的方式从事驾驶、操作和设计等实时活动。虚拟现实技术也可广泛用于汽车设计、实验和培训等方面。在产品设计中借助虚拟现实技术建立的三维汽车模型，可显示汽车的悬挂、底盘、内饰直至每个焊接点，设计者可确定每个部件的质量，了解各个部件的运行性能，如图 17.2.3 所示。

图 17.2.3 VR“汽车设计”

在建筑行业中，利用虚拟现实技术，可以构建三维建筑场景，人们可以在该建筑场景内自由行走，可以操作和控制建筑场景内的设备和房间装饰。一方面，设计者可以从场景的感知中了解、发现设计上的不足；另一方面用户可以在虚拟环境中感受到真实的建筑空间，从而做出自己的评判。

17.2.4 虚拟现实技术在艺术领域的应用

艺术家通过对虚拟现实技术的应用，可以采用更为自然的人机交互手段控制作品的形式，塑造出更具沉浸感的艺术环境和现实情况下不能实现的梦想，并赋予创造的过程以新的含义，如图 17.2.4 所示。

图 17.2.4 VR“艺术创作”

17.2.5 虚拟现实技术在医疗领域的应用

目前 VR 医疗应用主要分为几个方面：首先，VR 技术可用于各种心理疾病或康复训练，通过 VR 技术虚拟出各种现实中可能不存在的场景，可以帮助患者进行心理治疗，从而完成各种康健项目。其次，VR 技术带来的视觉沉浸感和交互性可以让医生“进入”人体观察学习、模拟人体解剖等活动，借助 VR 技术医生可以在虚拟场景中进行学习，如图 17.2.5 所示。

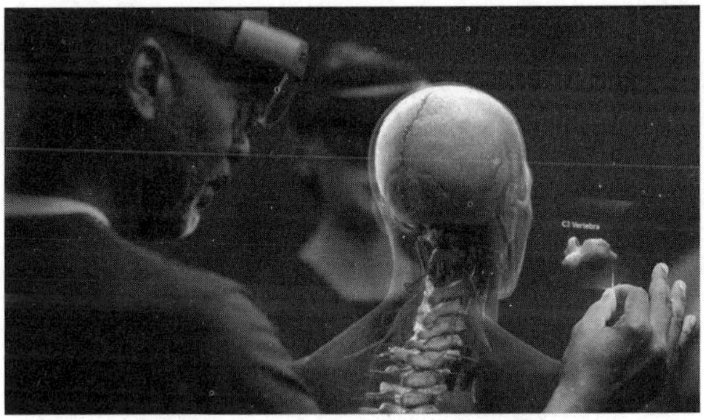

图 17.2.5 VR“人体解剖”

讨论与交流

我们身边越来越多的场合都用到了 VR 技术，VR 看房就是其中的一个重要应用场景。通过 VR 可以 1∶1 还原实体场景，使得看房体验更真实。那么 VR 看房是怎么实现的呢？需要用到哪些设备和软件？

单元小结

本单元首先介绍了虚拟现实技术的基本概念。然后介绍了典型的虚拟现实系统主要由计算机、输入/输出设备、应用软件和数据库等部分组成。虚拟现实技术的特征有交互性、沉浸性、构想性、多感知性、自主性。在虚拟现实系统的分类中学习了 4 种典型类型：沉浸式虚拟现实系统、桌面式虚拟现实系统、增强式虚拟现实系统、分布式虚拟现实系统。最后了解虚拟现实技术在不同领域的应用。

课后习题

一、填空题

1. 虚拟现实技术作为一项尖端科技，集成了________、________、________、传感技术、显示技术、网络并行处理等技术的最新发展成果。

2. 一个典型的虚拟现实系统主要由________、________、________和___________等部分组成。

3. 主流虚拟现实引擎有________、________、X3D.Engine、CryEngine 等。

4. 虚拟现实的特征有________、________、________和________。

5. 虚拟现实系统可以划分为 4 种典型类型：________、________、________和________。

二、简答题

1. 什么是虚拟现实技术？

2. 简要介绍虚拟现实技术的应用领域。

18 单元 区块链

单元导读

区块链是分布式数据存储、点对点传输、共识机制、加密算法等计算机技术的新型应用模式。从本质上来讲，区块链是一个分布式的共享账本和数据库，具有去中心化、不可篡改、全程留痕、可以追溯、集体维护、公开透明等特点，已被逐步应用于金融、供应链、公共服务、数字版权等领域。本单元包含区块链基础知识、区块链应用领域、区块链核心技术等内容。

任务 18.1 认识区块链

任务描述

小董同学对比特币产生了浓厚的兴趣，在对其进行了解之后，他才知道比特币竟然演化发展出了一项名为区块链的技术。于是他从区块链的概念理解开始，进入了区块链的学习历程。

任务目标

- 了解区块链的基本概念。
- 了解区块链的发展历程。
- 理解区块链的特性。
- 理解区块链的分类。

任务实现

1. 区块链的基本概念

关于区块链（Blockchain）的定义很多。根据工业和信息化部于 2016 年发布的《中国区块链技术和应用发展白皮书（2016）》，从狭义上讲，区块链是一种按时间顺序将数据区块以顺序相连的方式组合成的一种链式数据结构，并以密码学方式保证不可篡改和不可伪造的分布式账本；从广义上讲，区块链技术是利用块链式数据结构来验证与存储数据、利用分布式节点共识算法来生成和更新数据、利用密码学的方式保证数据传输和访问的安全、利用由自动化脚本代码组成的智能合约来编程和操作数据的一种全新的基础架构和应用模式。

关于区块链的概念，百度百科上给出的解释如下：区块链，就是一个又一个区块组成的链条。每一个区块中保存了一定的信息，它们按照各自产生的时间顺序连接成链条。这个链条被保存在所有的服务器中，只要整个系统中有一台服务器可以工作，整条区块链就是安全的。这些服务器在区块链系统中被称为节点，它们为整个区块链系统提供存储空间和算力支持。如果要修改区块链中的信息，必须征得半数以上节点的同意并修改所有节点中的信息，而这些节点通常掌握在不同的主体手中，因此篡改区块链中的信息是一件极其困难的事。

2. 区块链的发展历程

区块链技术起源于化名为“中本聪”（Satoshi Nakamoto）的学者在 2008 年发表的奠基性论文《比特币：一种点对点电子现金系统》。这篇论文被视为区块链技术的开端。在随后的几年中，区块链成为电子货币比特币的核心组成部分：作为所有交易的公共账簿。

2014 年前后，业界开始认识到区块链技术的重要价值，并将其用于数字货币外的领域，如分布式身份认证、分布式域名系统、分布式自治组织等。这些应用称为分布式应用（decentralized application，DAPP）。用区块链技术架构从零开始构建 DAPP 非常困难，但不同的 DAPP 共享了很多相同的组件。区块链 2.0 试图创建可共用的技术平台并向开发者提供服务，并支持 PoW、PoS 和 DPoS 等多种共识算法，使 DAPP 的开发变得更容易。

目前，区块链技术被很多大型机构称为彻底改变业务乃至机构运作方式的重大突破性技术。同时，就像云计算、大数据、物联网等新一代信息技术一样，区块链技术并不是单一信息技术，而是依托于现有技术，加以独创性的组合及创新，从而实现以前未实现的功能。

总而言之，区块链技术大致经历了 3 个发展阶段，如图 18.1.1 所示。

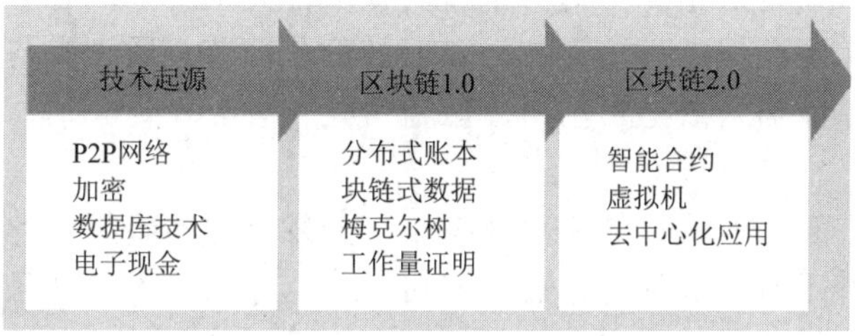

图 18.1.1 区块链的发展阶段

3. 区块链的特性

1）匿名性

由于区块链各节点之间的数据交换遵循固定且预知的算法，因此区块链网络是无须信任的，可以基于地址而非个人身份进行数据交换。

2）自治性

区块链采用基于协商一致的机制，使整个系统中的所有节点能在去信任的环境中自由安全地交换数据、记录数据、更新数据，任何人为的干预都不起作用。

3）开放性

区块链系统是开放的，任何节点都能够拥有全网的总账本，除了数据直接相关各方的私有信息通过非对称加密技术被加密外，区块链的数据对所有节点公开，因此整个系统信息高度透明。

4）可编程

分布式账本的数字性质意味着区块链交易可以关联到计算逻辑，并且本质上是可编程的。因此，用户可以设置自动触发节点之间交易的算法和规则。

5）可追溯

区块链通过区块数据结构存储了创世区块后的所有历史数据，区块链上的任意一条数据皆可通过链式结构追溯其本源。

6）不可篡改

区块链的信息通过共识并添加至区块链后，就被所有节点共同记录，并通过密码学保证前后互相关联，篡改的难度与成本非常高。

7）集体维护

区块链系统是由其中所有具有维护功能的节点共同维护，所有节点都可以通过公开的接口查询区块链数据和开发相关应用。

小贴示

钱只有在能购买有价物品时才能称为钱，因此在比特币的初期，它虽然有很多理论但一直价值很低。2010 年 5 月 22 日，一个名叫 Laszlo Hanyecz 的家伙同意付给一个英国人一万比特币，让他帮自己从当地帮约翰订一份比萨。作为证据，Laszlo 上传了相应的相片，真实世界的首个比特币交易由此诞生。随着区块链的特性逐渐被人们所接受，这一去中心化，不可篡改的“链条”愈发得到人们的认可，无须第三方权威认证的交易开始日益增多。随着比特币价值的上升，那块比萨饼的价值现在可是个天文数字了。

小贴示

比特币代表区块链技术起源时代。区块链发展的趋势是区块链+各个行业，类似于“互联网+”各个行业时代。

8）无须许可

无须许可表示所有节点都可以请求将任何交易添加到区块链中，但只有在所有用户都认为合法的情况下才可进行交易。

4. 区块链的分类

我们可以根据不同的分类方式对区块链进行分类。

1）根据应用范围（访问和管理权限）分类

（1）公有链。公有链的任何节点都是向任何人开放的，每个人都可以参与到这个区块链中的计算，而且任何人都可以下载获得完整区块链数据，即全部账本。

（2）联盟链。联盟链是指参与每个节点的权限都完全对等，各节点在不需要完全互信的情况下就可以实现数据的可信交换，联盟链的各个节点通常有与之对应的实体机构组织，通过授权后才能加入或退出网络。联盟链是一种公司与公司、组织与组织之间达成联盟的模式。

（3）私有链。在某些区块链的应用场景下，开发者并不希望任何人都可以参与这个系统，因此建立一种不对外公开、只有被许可的节点才可以参与并且查看所有数据的私有区块链，私有链一般适用于特定机构的内部数据管理与审计。

2）根据部署机制

（1）主链/主网。通常区块链，尤其是公有链都有主网和测试网。主网是区块链社区公认的可信区块链网络，其交易信息被全体成员所认可。有效的区块在经过区块链网络的共识后会被追加到主网的区块账本中。

（2）测试链/测试网。测试链是对应主网具有相同功能，但主要目的用于测试的区块链。由于测试链是为了在不破坏主链的情况下尝试新想法而建立的，只作为测试用途，因此测试链上的测试币不具备交易价值。比特币的测试链已经历多次重置，以阻止将其测试币用作交易、投机用途的行为。

3）根据对接类型

（1）侧链。侧链是主链外的另一个区块链，锚定主链中的某一个节点，通过主链上的计算力来维护侧链的真实性，实现公共区块链上价值与其他账簿上价值在多个区块链间的转移。最具代表性的实现有 Blockstream。

（2）互联链。针对特定领域的应用可能会形成各自垂直领域的区块链，互联链就是一种通过跨链技术连接不同区块链的基础设施：包括数据结构和通信协议，其本身通常也是区块链。各种不同的区块链通过互联链互联互通并形成更大的区块链生态。与互联网一样，互联链的建立将形成区块链的全球网络。

实践与体验

本任务的实验中，我们将带领大家了解一个基于区块链的平台：以太坊。

以太坊（Ethereum）是一个开源的有智能合约功能的公共区块链平台，通过其专用加密货币以太币（Ether，简称“ETH”）提供去中心化的以太虚拟机（Ethereum virtual machine）来处理点对点合约。

打开以太坊的中文网站（https://ethereum.org/zh/），出现如图 18.1.2 所示的界面。我们可以在顶部的导航栏上通过单击“学习”中的“什么是以太坊”等内容进行学习。

图 18.1.2　以太坊中文主页

我们也可以单击导航栏中的“使用以太坊”中的“以太坊钱包”来了解以太币和以太坊钱包，如图 18.1.3 所示。

图 18.1.3　以太坊钱包

除此之外，我们也可以单击“开发者”中的“开发者主页”，如图 18.1.4 所示，来学习如何开发区块链。

图 18.1.4　开发者主页

当然，以太坊主页中还有更多的信息和文档教程等待大家去探索。

任务 18.2 了解典型区块链技术与特点

任务描述

小董同学在了解区块链的基本概念后，就对区块链为什么能有如此大的“魅力”产生了疑问，于是他带着这份疑问开始了区块链技术与特点的学习。

任务目标

- 了解区块链的技术架构。
- 理解典型的区块链技术。
- 理解区块链技术的特点。

任务实现

1. 典型的区块链技术架构

通过对现有区块链系统的技术方案及需求进行研究和分析，我们可以提取出一个典型的区块链技术架构，如图 18.2.1 所示。

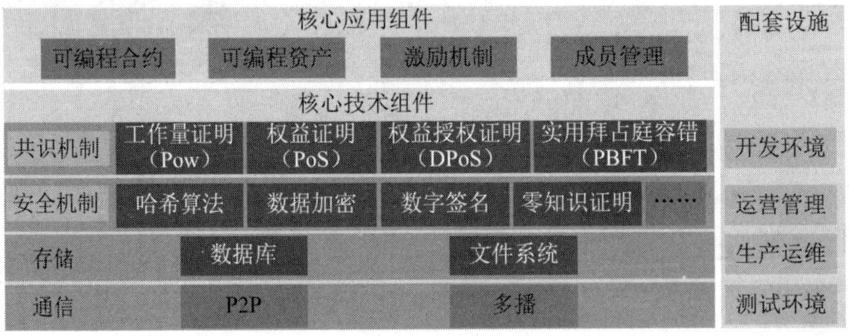

图 18.2.1 典型区块链技术架构图

由图可以看出，区块链系统所依赖的基础组件、协议和算法，进一步细分为通信、存储、安全机制、共识机制 4 层结构。

2. 通信

点对点技术（peer-to-peer，P2P）又称对等互联网络技术，是一种网络新技术，依赖网络中参与者的计算能力和带宽，而不是把依赖都聚集在较少的几台服务器上。P2P 网络通常用于通过 Ad Hoc 连接来连接节点。

相对于分布式数据库 server-client 网络结构，采用主从复制的方式同步数据，区块链则通常采用 peer-to-peer（P2P）技术来组织各个网络节点，每个节点通过多播实现路由、新节点识别和数据传播等功能。不同的区块链系统会根据需要制定独自的 P2P 网络协议，比如比特币有比特币网络协议，以太坊也有自己的网络协议。

3. 存储

区块链数据在运行期以块链式数据结构存储在内存中，最终会持久化存储到数据库中。对于较大的文件，也可存储在链外的文件系统里，同时将摘要（数字指纹）保存到链上用于自证。

具体形式为区块按时间顺序逐个先后生成并连接成链，每一个区块记录了创建期间发生的所有交易信息。区块的数据结构一般分为区块头（header）和区块体（body）。其中，区块头用于链接到前一个区块并且通过时间戳特性保证历史数据的完整性；区块体则包含了经过验证的、区块创建过程中产生的所有交易信息。

实质上来说，区块链就是一个去中心化的分布式存储的数据库。

4. 安全机制

区块链系统通过多种密码学原理，包括哈希算法、非对称加密算法和数字签名等，来进行数据加密及隐私保护。从某种意义上看，区块链技术是因为现代密码学的发展才产生的。

值得一提的是，区块链上传输和存储的数据都是公开可见的（这本来就是区块链的核心思想之一），仅通过“伪匿名”的方式对交易双方进行一定的隐私保护。对于某些涉及大量的商业机密和利益的业务场景来说，数据的暴露不符合业务规则和监管要求。目前，业界普遍认为零知识证明、环签名和同态加密等技术比较有希望解决区块链的隐私问题。

5. 共识机制

共识机制是区块链系统中各个节点达成一致的策略和方法。在中心化结构中，权威节点通过复制的方式直接保证数据一致性，但是在区块链中，去中心化的节点们就需要制定一个机制来保证各自持有的数据保持一致。常用的共识机制主要有 PoW、PoS、DPoS、PBFT 等。

1）PoW（proof of work）

PoW 即工作量证明，用来确认节点做过一定量的工作。依赖机器进行数学运算来获取记账权，资源消耗相比其他共识机制高、可监管性弱，同时每次达成共识需要全网共同参与运算，性能效率比较低，容错性方面允许全网 50%节点出错。比特币正是采用这一共识机制。

2）PoS（proof of stake）

PoS 即权益证明，类似于把资产存在银行里，银行会通过你持有数字资产的数量和时间给你分配相应的收益。主要思想是节点记账权的获得难度与节点持有的权益成反比，相对于 PoW，一定程度减少了数学运算带来的资源消耗，性能也得到了相应的提升，但依然是基于哈希运算竞争获取记账权的方式，可监管性弱。该共识机制容错性和 PoW 相同。

3）DPoS（delegated proof of stake）

DPoS 即权益授权证明，这是一种类似董事会的授权共识机制，该机制让每一个持币人对整个系统的节点进行投票,决定哪些节点可以被信任并代理他们进行验证和记账,同时生成少量的对应奖励。DPoS 与 PoS 的主要区别在于节点选举若干代理人，由代理人验证和记账。其合规监管、性能、资源消耗和容错性与 PoS 相似。

4）PBFT（practical Byzantine fault tolerance）

PBFT 即实用拜占庭容错。PBFT 是一种采用许可投票、少数服从多数来选举领导者进行记账的共识机制，但该共识机制允许拜占庭容错。该共识机制允许强监管节点参与，具备权限分级能力，性能更高，耗能更低，该算法每轮记账都会由全网节点共同选举领导者，允许 33%的节点作恶，容错性为 33%。

6. 区块链技术的特点

1）写入数据的安全性

在共识机制的作用下，只有当全网大部分节点（或多个关键节点）都同时认为这个记录正确时，记录的真实性才能得到全网认可，记录数据才允许被写入区块中。

2）读取数据的安全性

区块链没有固有的信息读取安全限制，但可以在一定程度上控制信息读取，如把区块链上某些元素加密，之后把密钥交给相关参与者。同时，复杂的共识协议确保系统中的任何人看到的账本都是一样的，这是防止双重支付的重要手段。

3）分布式拒绝服务（distributed denial of service attack，DDoS）攻击抵抗

区块链的分布式架构赋予其点对点、多冗余特性，不存在单点失效的问题，因此其应对拒绝服务攻击的方式比中心化系统要灵活得多。即使一个节点失效，其他节点不受影响，与失效节点连接的用户无法连入系统，除非有支持他们连入其他节点的机制。

讨论与交流

在了解了区块链的安全机制后，特别是区块链的数据以明文形式存放在区块上，小董同学对此提出了质疑，为什么存放在区块链区块上的数据不进行加密呢？他认为对数据进行加密后能够更好地保护用户的隐私。请问同学们同意小董同学的看法吗？你们是怎么看待这一问题的？

任务 18.3 了解区块链的应用领域和前景

任务描述

小董同学在初步了解了区块链技术的理念和实现原理之后，对区块链技术如何在现实中进行应用以及未来将走向何方产生了极大的好奇，于是他查阅资料，想要了解区块链的应用领域和前景。

任务目标

- 了解区块链的多种应用领域。
- 理解区块链在跨境结算中的作用。
- 理解区块链在供应链中的作用。

任务实现

18.3.1　区块链的多种应用领域

目前，区块链技术的应用已从单一的数字货币应用，延伸到经济社会的各个领域，其应用场景如图 18.3.1 所示。需要特别说明的是，除了金融服务行业的应用相对成熟外，其他行业的应用还处于探索起步阶段。

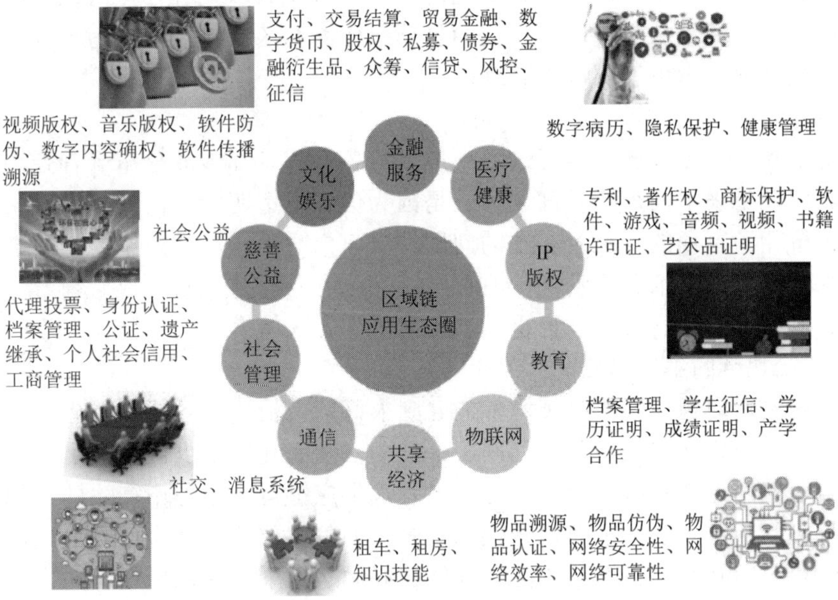

图 18.3.1　区块链应用场景

1. 区块链在跨境结算中的作用

随着经济全球化的推进，资金的跨境流动无时无刻不在发生着。跨境结算属于金融服务行业中的支付领域。区块链技术所拥有的高可靠性、简化流程、交易可追踪、节约成本、减少错误以及改善数据质量等特质，使得区块链技术具备重构金融业基础架构的潜力。

1）行业痛点

支付结算业务涉及多个参与方，存在安全性、隐私性以及性能效率方面的问题。尤其对于跨境结算来说，金融机构间的对账、清算、结算的成本就更高了，也涉及了比境内支付结算业务更复杂的手工流程，这不仅导致了用户端和金融机构中后台业务端等产生的支付业务费用高昂，也使得小额支付业务难以开展。

2）基于区块链的解决思路

区块链技术具有数据不可篡改和可追溯特性，可以用来构建监管部门所需要的、包含众多手段的监管工具箱，以利于实施精准、及时和更多维度的监管。同时，基于区块链技术能实现点对点的价值转移，通过资产数字化和重构金融基础设施架构，可达成大幅度提升金融资产交易后清、结算流程效率和降低成本的目标，并可在很大程度上解决支付所面临的问题。

3）应用场景：支付网络

区块链技术为支付领域所带来的成本和效率优势，使得金融机构能够处理以往因成本因素而被视为不现实的小额跨境支付，有助于普惠金融的实现。

我们可以创建基于区块链的支付网络，将所有的跨境收付款人的信息都可以通过这一支付网络建立信任实现跨境结算。这一举措解决了跨境结算难以建立信任的问题，相比于传统的中心化第三方，区块链中去中心化的公钥密码系统和共识机制更好地完成了这一任务。此外，这一举措还可以明显提高业务效率并降低成本。

2. 区块链在供应链中的作用

供应链是一个由物流、信息流、资金流所共同组成的，并将行业内的供应商、制造商、分销商、零售商、用户串联在一起的复杂结构。而区块链技术作为一种大规模的协作工具，天然地适合运用于供应链管理。

1）行业痛点

供应链由众多主体构成，运行过程中产生的各类信息都零散分布于各处，信息流缺乏透明度。由此带来了两个严重问题：一是因为信息不透明、不流畅导致链条上的主体难以准确了解相关事项的状况及存在的问题，从而影响供应链的效率；二是当供应链上的主体产生纠纷时，举证和追责均费时费力，甚至有些时候无法达成。随着供应链运转的时间越长，积累的弊病会愈发严重，严重阻碍到各主体自身的发展。

2）基于区块链的解决思路

针对上述痛点问题，区块链技术都能起到很好的“治疗”效果。首先，区块链技术本身的特性能保证数据在交易各方之间公开透明，从而在整个供应链条上形成一个完整而流畅的信息流，这样就能够保证各方及时发现供应链运行过程中产生的问题，并针对性地找到解决问题的方法，进而提升供应链管理的整体效率。其次，区块链所具有的数据不可篡改和时间戳的存在性证明的特性能很好地运用于解决供应链体系内各参与主体之间的纠纷，实现轻松举证与追责。除此之外，数据不可篡改与交易可追溯两大特性相结合可根除供应链内产品流转过程中的假冒伪劣问题。

3）应用场景：物流

在供应链上的物流阶段，可以利用数字签名和公钥密码机制，充分保证信息的安全和寄收双方的隐私。

例如，快递交接需要双方私钥签名，每个快递员或快递点都有自己的私钥，是否签收或交付只需要检查区块链数据即可。最终用户没有收到快递就不会有签收记录，快递员无法伪造签名，因此可杜绝快递员通过伪造签名来逃避考核的行为，减少用户投诉，防止货物的冒领误领。而真正的收件人并不需要在快递单上直观展示实名制信息，从而很好地保护了用户的隐私。此外，还可以利用区块链技术的智能合约来简化物流程序，从而大幅度提升物流的效率。

18.3.2　区块链技术的前景

在未来的一段时间内，区块链技术会在金融服务、供应链、文化娱乐和教育就业等领域有着更深入的应用和更广阔的发展。除此之外区块链技术还可能会和更多传统领域相结合，引发领域变革。

除了区块链的应用前景展望外，我们也意识到：区块链技术的飞速发展也会带动其中的核心关键技术的发展。区块链技术的核心是分布式数据存储、点对点传输、共识机制、加密算法等已有计算机技术。在共识机制、安全算法、隐私保护等相关技术领域的研究成果会对区块链技术和应用的跨越式发展起到重要作用，对这些技术的持续创新和突破将非常关键。

以下列举几条区块链核心技术的发展前景的展望。

1）共识机制发展前景展望

公有链方面，目前常用的共识机制存在性能低、能耗高的缺点。“侧链”技术也只能在某些特定条件下解决部分问题。联盟链目前的主流共识机制大多基于 PBFT 及其变种，虽然加入权限控制能获得性能的大幅提升，但是同时也牺牲了一部分共识的效率、约束、容错率等方面的性能。可以预见，针对一些典型场景的、具有普适性的、更优的共识算法及决策，将会不断出现。

2）安全算法方向发展前景展望

安全性在金融级应用系统中尤显重要。一方面，目前采用的大多数传统的安全类算法，存在潜在的“后门”风险，需要逐步替换成更加安全的加密算法，算法的强度也需要不断升级；另一方面，还要防止一些新技术，如量子计算，对传统安全算法的冲击甚至颠覆。

3）隐私保护发展前景展望

目前，区块链相关的隐私保护环节还比较薄弱。尤其是对敏感数据需要平衡隐私保护和合规监管。信息隐私保护技术，如零知识证明、同态加密等，也是后续发展的一个重要方向。

讨论与交流

区块链究竟有没有颠覆式的技术革新潜力呢？在对区块链的知识进行了解之后，黄老师决定在班级内部组织一场辩论赛，正方的立场是“区块链是颠覆式的技术革新”，反方正好相反。那么你支持哪一方的立场呢？

单元小结

本单元首先介绍了区块链的概念、特性和分类：区块链技术被称为是彻底改变业务乃至机构运作方式的重大突破性技术；区块链具有匿名性、自治性、开放性、可编程、可追溯、不可篡改、集体维护、无须许可等特性；根据不同的分类方式对区块链进行分类。然后介绍了典型的区块链技术架构和特点。最后介绍了区块链的应用领域和前景。

课后习题

一、选择题

1. 区块链的特性中，不包括（ ）。
   A. 开放性　　B. 可追溯
   C. 保密性　　D. 匿名性
2. 按照应用范围对区块链进行划分，不包括（ ）。
   A. 公有链　　B. 联盟链
   C. 私有链　　D. 互联链
3. 对于区块链技术的描述，下列说法正确的是（ ）。
   A. 从本质上来说，区块链技术是一种中心化的分布存储的数据库
   B. 区块链上传输和存储的数据都是公开可见的
   C. 区块链会将所有的数据都存储在内存中
   D. 共识机制是区块链来组织各个网络节点，完成数据通信的关键技术
4. 典型的区块链技术中，起到了传输数据加密以及隐私保护的是（ ）。
   A. 存储　　B. 安全机制
   C. 共识机制　　D. 通信
5. 下列共识机制中，比特币采用的是（ ）。
   A. PoW　　B. PBFT
   C. DPoS　　D. PoS
6. 区块链技术的特点，不包括（ ）。
   A. 存储数据时的安全性　　B. DDoS 攻击的抵抗性
   C. 读取数据的安全性　　D. 写入数据的安全性
7. 比特币和 Q 币之间的区别，不包括（ ）。
   A. 比特币可以花费，Q 币不能花费
   B. 比特币是一种去中心化的数字资产，没有发行主体；Q 币是由腾讯公司发行的电子货币，类似于电子计分
   C. Q 币的价值来自腾讯公司的信用背书，比特币可以自证其信
   D. Q 币的使用范围局限于腾讯的游戏和服务中，比特币在全世界自由流通
8. 比特币转账手续费是奖励给（ ）。
   A. 老板　　B. 平台
   C. 秘书　　D. 矿工
9. 共识由多个节点按照一定的机制验证数据，保证数据的正确性和（ ）。
   A. 一致性　　B. 完整性
   C. 安全性　　D. 多样性
10. 拜占庭将军问题解决了（ ）。
   A. 分布式通信　　B. 内容加密

C．共识机制　　　　　　　　　　D．投票机制

二、判断题

1. 区块链中的任意两个节点在信任彼此的身份后，可以建立连接。（　）
2. 区块链 2.0 时期，最重要的应用价值是比特币。（　）
3. 比特币区块链中的第一区块被称为“创世区块”。（　）
4. 区块链系统是开放的，任何节点都能够拥有全网的总账本。（　）
5. 所有节点都可以请求将任何交易添加到区块链中。（　）
6. 区块链采用 P2P 的技术来进行节点通信，所有区块链系统共用一套 P2P 网络协议。（　）
7. 区块链系统使用哈希算法、对称加密算法和数字签名等，来进行数据加密及隐私保护。（　）
8. PoW 即权益授权证明，这是一种类似董事会的授权共识机制。（　）
9. 区块链有诸多价值，包括推动新一代信息技术产业的发展和为经济社会专项审计提供技术支撑等。（　）
10. 区块链的分布式架构赋予其点对点、低冗余特性，不存在单点失效的问题。（　）

三、简答题

1. 简述区块链的定义。
2. 简述区块链的几个特征。
3. 根据对接类型，简述区块链的类别。
4. 说明区块链的隐私保护环节比较薄弱的原因以及可能解决该问题的技术手段。
5. 列举出区块链的共识机制的种类（至少 3 种）并选取一种简述其概念。

学习笔记

参 考 文 献

董玮，高艺，2019. 从创意到原型：物联网应用快速开发[M]. 北京：科学出版社.

方风波，钱亮，杨利，2021. 信息技术基础（微课版）[M]. 北京：中国铁道出版社.

郭艳华，肖若辉，陈萌，2019. 计算机基础与应用案例教程[M]. 2 版. 北京：科学出版社.

侯丽梅，赵永会，刘万辉，2019. Office 2016 办公软件高级应用实例教程[M]. 2 版. 北京：机械工业出版社.

刘云浩，2019. 物联网导论[M]. 3 版. 北京：科学出版社.

刘志东，陶丽，谢亮，2020. 高职信息技术应用项目化教程[M]. 北京：科学出版社.

眭碧霞，2021. 信息技术基础[M]. 2 版. 北京：高等教育出版社.

吴雅琴，2020. 物联网技术概论[M]. 北京：科学出版社.

徐维祥，2021. 信息技术（基础模块）[M]. 北京：高等教育出版社.